电脑美术设计与制作职业应用项目教程

CorelDRAW
职业应用项目教程（X5版）

第2版

主　编　刘　健　张丽霞
副主编　李　鹏
参　编　那英红　刘　丹　葛　宇
　　　　马　威　李　玥　张　宇

机械工业出版社

本书使用CorelDRAW X5软件进行图文设计制作，全书以22个设计任务为载体，有机融入必要的设计理论知识，每个任务以完成某个具体产品为目标来学习相关的理论知识和创作技能，做到理论与技能的有机融合。书中的内容编排从实际出发，经过大量的市场调研、样品收集，然后进行深入解剖，形成小组讨论、课前引导的教学方式。

本书中的导学部分包含平面设计理论知识，如平面构成要素、色彩搭配原则等。后8个项目为综合训练课题部分，涵盖广告、卡片、服装、艺术文字、包装、矢量风景画、工业产品、POP广告等各方面的设计，融入了实际应用项目设计制作。书中内容注重岗位需求，体现产教结合。本书在第1版的基础上还增加了部分新知识、新技术、新工艺和新方法，如成品印刷、印前技术、印后注意事项、写真喷绘技术、软件常见问题及解决方法等内容。为使读者更好地使用本书，本书配套电子资源包，包括教学视频、素材文件和电子课件。读者可登录机械工业出版社网站（www.cmpedu.com）免费注册下载，或联系编辑（010-88379194）咨询。

本书可作为使用CorelDRAW X5软件相关专业的参考书，同时，也适合具有一定设计基础的平面设计爱好者。

图书在版编目（CIP）数据

CorelDRAW职业应用项目教程：X5版/刘健，张丽霞主编．—2版．
—北京：机械工业出版社，2014.12（2022.9重印）
电脑美术设计与制作职业应用项目教程
ISBN 978-7-111-48849-1

Ⅰ．①C… Ⅱ．①刘… ②张… Ⅲ．①图形软件—教材 Ⅳ．①TP391.41

中国版本图书馆CIP数据核字（2014）第293283号

机械工业出版社（北京市百万庄大街22号 邮政编码100037）
策划编辑：梁 伟 责任编辑：蔡 岩 叶蕾薇
责任校对：郝 红 封面设计：鞠 杨
责任印制：张 博

北京建宏印刷有限公司印刷

2022 年 9 月第 2 版第 4 次印刷
184mm×260mm · 9.25印张 · 213千字
标准书号：ISBN 978-7-111-48849-1
定价：32.00元

电话服务 网络服务
客服电话：010-88361066 机 工 官 网：www.cmpbook.com
　　　　　010-88379833 机 工 官 博：weibo.com/cmp1952
　　　　　010-68326294 金 书 网：www.golden-book.com
封底无防伪标均为盗版 机工教育服务网：www.cmpedu.com

第2版前言

本书第1版自2007年10月出版后，受到广大读者好评，至今已印刷多次。为了更好适应新的教学需求和软件的升级，我们对第1版进行了修订。

本书使用的软件由第1版的CorelDRAW X3升级为目前最高的版本CorelDRAW X5，并以项目式来进行编写，通过一系列的实例对X5版本的新功能做了较全面的介绍，各项目案例及做法上都进行了修改补充。

各项目的具体修订内容如下：

导学中删减了较普通的黑白平面构成要素关系图，增加了更具表现力的彩色说明图。第0.3节中删除了CorelDRAW X3的各项功能介绍内容，增加了CorelDRAW X5新功能介绍，并对所有的新功能进行了重新编辑。

项目1～项目3中，在原来各个项目设计制作过程上，普遍都简化了操作过程，使初学者轻松掌握和灵活运用选区的编辑，增加了"轮廓修改""文件变形"等快捷命令。

项目4中更换了几个艺术字效果的设计训练，增加了新颖时尚的几款艺术字体，适应现代广告设计元素，增加了几个新功能命令的应用。项目4中对"文字工具"的使用也进行了较大的改动，改动后的几个实例更加贴近生活。

项目5～项目8保留了原项目的选题内容，删除了较多的理论内容，增加了对颜色面板和颜色搭配、色彩要素应用等方面的讲解，并对CorelDRAW X5新功能命令的应用进行了操作上的训练，在综合实训时增加了对"交互工具"知识的强化训练。

项目9对印刷知识的讲解进行了重新编排。

本书主要通过实际岗位项目内容的设计来介绍CorelDRAW X5的具体功能应用和使用技巧。具体实例既贴近实际又与所学知识紧密联系，让读者对抽象的工具及参数有更直观、清晰的认识和理解；介绍实例需掌握的知识点，使读者对所用到的知识更明确。本书讲解步骤分明，由简入繁，使初学者能够更好地使用CorelDRAW X5软件的各项功能；实例知识点讲解更是对该软件在理论上的最好诠释。本书各项目中的任务均由任务情境、任务分析和任务实施组成，每个项目最后都有项目小结和拓展作业。本书注重实践中的应用，同时体现了知识的完整性和系统性，使学生学习后可以尽快胜任岗位工作。本书基本上涉及了应用CorelDRAW进行图像处理的知识，读者通过对本书的认真学习，可以比较全面、迅速地掌握CorelDRAW这个强有力的图形、图像编辑处理工具。

本书由刘健、张丽霞任主编，李鹏任副主编。参与编写的还有那英红、刘丹、葛宇、马威、李玥和张宇。其中刘健和张丽霞统筹全稿并负责导学、附录的编写；李鹏编写项目4、项目6和项目8；那英红、刘丹编写项目3和项目7；马威、葛宇编写项目1和项目5；李玥、张宇编写项目2和项目9。

由于编者水平有限，书中难免有疏漏，在此对读者表示歉意。

编　者

  CorelDRAW X3是一款屡获殊荣的图形、图像编辑软件。CorelDRAW X3图像软件包含了两个绘图应用程序：一个用于矢量图及页面设计；一个用于图像编辑。惊人的绘图软件组合带给用户强大的交互式工具，使用户可创作出多种富有动感的特殊效果。点阵图像即时效果在简单的操作中就可得到实现，加上高质量的输出性能，用户所得到的一定是专业效果。

  本书是一本介绍CorelDRAW X3在平面设计工作中应用的教材。其编写思路是以国内最常见的平面广告设计类型和典型创意设计为指导，考虑目前各类中、高职院校教学的需要和较典型的行业需求设计的教学内容。通过对案例的具体分析来详细讲解利用CorelDRAW X3软件具体制作的方法，将CorelDRAW X3软件与实际的平面艺术设计工作密切地结合起来，突出理论学习和实践应用。其中不仅详细介绍了CorelDRAW X3软件的基本操作方法和使用技巧，而且介绍了各种类型的平面广告设计作品和典型创意设计作品的创作思路和设计理念。

  本书的主要特点：章节安排是按"基础→提高→创新"的顺序来编写的，具有操作步骤简单易懂、内容丰富、技能含量较高、针对性强等特点。本书能够让学生和读者感到学有所用、学有所乐，提高学习热情，为将来从事平面艺术设计工作打下坚实的基础。

  本书适合作为各类中、高等职业教育学校广告设计、艺术设计等专业师生的指导教材；社会电脑美设计、平面设计专业短期培训教材；设计类从业人员自学指导用书。

  本书由张丽霞任主编，参与编写的有孙海龙、马玥桓、穆尚峰、刘洋、易楠。

  由于编者水平有限，书中难免出现疏漏和错误之处，希望专家和读者及时指正。

编 者

目 录

导 学

平面设计理论

职业能力目标

- 理解并掌握设计原理及表现形式
- 研究各种元素组合的形式和效果
- 掌握色彩的搭配原则及软件的组成部分和新增功能

0.1 平面构成原理

平面构成最早源于20世纪初的西方国家，并于20世纪70年代末传入我国。经过多年的实践和发展，到今天平面构成已经成为设计学习中最重要也是最基础的视觉艺术理论。可以说，一切设计从构成开始。

平面构成的学习主要是从抽象的点、线、面这些最基本的单个视觉元素入手，研究各种元素组合的形式和效果，寻找形态和设计的共性。

0.1.1 基本概念

平面构成是人们在长期的艺术创造过程中对造型规律的认识与总结，是现代视觉艺术的基础理论之一。平面构成是一种造型概念，也是现代造型设计用语。通俗的理解就是将很多独立的小单元（包括不同的形态、材料等）按照一定的规则，在平面上重新组合成一个新的单元。

平面构成的学习主要是从抽象的点、线、面这些最基础的单个视觉元素入手，研究各种元素组合的形式和效果，寻找形态和设计的共性，探索新的表现形式，培养观察、理解、分析、判断、表现的能力，为今后的设计创作奠定坚实的基础。

0.1.2　平面构成要素

平面构成的3大要素为点、线、面。它们相互结合与作用形成了点、线、面的多种表现形式。点、线、面的表现力极强，既可以表现抽象，也可以表现具象。形象是物体的外部特征，是可见的。形象包括视觉元素的各部分，所有的概念元素如点、线、面在画面中，也具有各自的形象。如图0-1所示。

平面设计中的基本形：在平面设计中，有一组相同或相似的形象，其每一组成单位称为基本形。基本形是一个最小的单位，利用它根据一定的构成原则排列、组合，便可得到最好的构成效果。

组形：在构成中，由于基本的组合，产生了形与形之间的组合关系，这种关系主要有以下几种。

①分离：形与形之间不接触，有一定距离。

②接触：形与形之间边缘正好相切。

③复叠：形与形之间是复叠关系，由此产生上下前后左右的空间关系。

④透叠：形与形之间透明性的相互交叠，但不产生上下前后的空间关系。

⑤结合：形与形之间相互之间结合成为较大的新形状。

⑥减却：形与形之间相互覆盖，覆盖的地方被剪掉。

⑦差叠：形与形之间相互交叠，交叠的地方产生新的形。

图　0-1

点的现样式　　　　线的表现样式　　　　面的表现样式

图　0-1（续）

0.1.3　设计构成存在的形式

重复构成：相同或近似的形元素在相同的框架中反复排列称为重复构成。它的特征就是形象的连续性，如图0-2所示。

渐变构成：元素和基本形有渐变多元次变化性质的构成形式，称为渐变构成。渐变构成有两种样式，一是通过变动元素的水平线、垂直线的疏密比例取得渐变效果；二是通过基本形有秩序、有规律、循序的无限变动而取得渐变效果，如图0-3所示。

韵律构成：所谓韵律构成就是指事物的动态的方式。同一要素周期性反复出现时，会形成运动感，称为韵律。韵律有一次元的韵律表现、二次元的韵律表现、利用渐变表现韵律等方法，如图0-4所示。

　　　　　　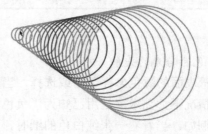

图　0-2　　　　　　图　0-3　　　　　　图　0-4

0.2　色彩搭配原则

我们生活的世界是充满色彩的世界，任何能被我们所看到的物体都是因为光的吸收、反射或过滤的结果，所以才会看到物体的造型、材质及其他的细节。

一个设计作品的好坏优劣在很大程度上取决于色彩设计的好坏。成功的作品不管有多少设计亮点，有一点是肯定的，那就是它的色彩设计一定是成功的。很多作品最初就是靠吸引人的色彩使之产生共鸣。

0.2.1　色彩构成

色彩是引起共同审美愉快的、最为敏感的形式要素。色彩同时影响儿童和成人，即使是婴儿，最容易接受的也是色彩明亮的东西。大多数人通常都能从"现代"艺术中发现色彩的活力与魅力，虽然会对变形的艺术缺乏理解，但对色彩的运用却少有异议。事实上，一件艺术作品的色彩总是具有独立的欣赏价值。

色彩是最有表现力的要素之一，因为它的性质直接影响我们的感情。当我们观看一件艺术作品的时候，并非会理性地认识对其色彩产生感觉的东西，而是对它有一种直接的感情反应。愉悦的色彩节奏与和谐满足了我们的审美需求。我们喜欢某种色彩搭配，而拒绝另一种搭配。在再现艺术中，色彩真实地再现了对象，创造出幻觉空间的效果。色彩研究以科学事实为基础，要求精确和明晰的系统性。我们将考察色彩关系的这些基本特征，看看它们怎样帮助艺术作品的题材创造形式和意义。如图0-5和图0-6所示为调色板取色、混合器取色。

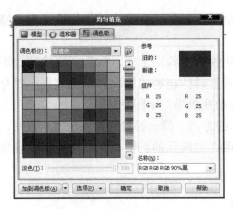
图 0-5

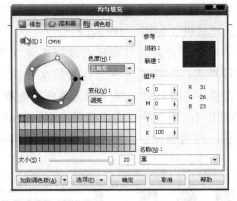
图 0-6

1. 色彩与光的关系

不管表面的颜色怎样运用或选择，当表面吸收了所有的光波，色彩的感觉就产生了。在这种情况下，艺术家是用已知为"负色"的反射光来工作的，而不是用实际的光波或附加色。例如，当看着一张纯白色的纸时，所有的色光波都被反射回观者的眼中，没有任何色光被减去或被纸面吸收。当红色覆盖表面时，就只有红色的光波反射到观众眼中，所有其他的色光被减去或被颜色吸收，其结果是只体验到了红色。被表面吸收或减去的所有能量（没有被反射出来的光波）等于绿色——反射出色彩的对比或互补。如果一块绿色破碎于纸上，对比是真实存在的。绿色，两种剩余的原色——蓝色和黄色的混合，只反射出绿色的光波，而吸收或减去其他的颜色，即红色。

所有的原色——蓝色、黄色和红色混合在一起所产生的颜色能够吸收和减去所有白色光波中的颜色。这种颜色将不反射任何色光而呈现为黑色没有任何光波（这是混合的附加色的对立面，所有原色光的混合产生白色）。但是，因为艺术家用颜料的杂质和不完整，任何表面都不可能绝对地吸收所有的光波，除了那些正被反射的光波。此外，颜色反射的不只是一种主导颜色或某种程度的白色。由于这些原因，对比色的混合，包括所有的原色，都不会产生纯黑色，而是一种灰黑色。

不论是纯色还是调和色，创造出来的颜色总是与减色相关联，一个形象反射的只是所见的颜色波长，而吸收了所有其他的波长。后面讨论颜色的时候，主要涉及可视的反射色光的颜色，而不是混合色光或附加色的感觉。

2. 混合颜色

如前所说，光谱包括红、橙、黄、绿、蓝、蓝紫和紫色，以及在其最纯度上的上百个微妙的色彩变化。这个色彩范围也适用于颜色。儿童或初学者在使用颜色时，很可能只使用几种简单的或单纯的颜色，他们意识不到简单的颜色也是有变化的。很多颜色是通过两种以上的颜色调和出来的。

但是，有3种颜色是不能通过调和创造出来的，即红、黄、蓝，所谓的三原色。当将两种原色相调和时，份量相等或不相等，它们就可能创造出几乎所有的颜色。任意两种原色相调和产生一种二次色（亦称复色）：橙色出自红色与黄色；绿色出自黄色和蓝色。而且，某种中间色是由一种原色与相邻的二次色相调和创造出来的。中间色的数量是无限的，原色或二次色在比例上的变化导致颜色的变化。换句话说，黄色与绿色相调和产生出的不只是一种黄绿色。如果使用更多的黄色，其结果与用较多的绿色的黄绿色大不相同。艺术家偶尔也不正确地把中间色作为三次色。三次色是出自两种二次色的调和，不是一种原色与二次色调和。稍后将更深入地讨论。如果我们研究混合色从黄到黄绿到绿的进阶，就会发现一个呈现为色轮的自然次序。区别微妙变化的能力使我们在每个位置上看到一种新颜色。

3. 三色系统

三原色在色轮上的空间分布是均等的，黄色一般在顶上，因为它最接近白色。这些颜色构成一个等边三角形，即所谓三原色。3种二次色被置于调和出它们的两种原色之间，空间均等，它们创造了由橙、绿和紫构成的二次三色。置于每种原色和二次色之间的中间色创造了均等的空间单位，即中间三色。所有位置使颜色处于一个12色的色轮中。围着色轮走动时，色彩就发生变化，这是由导致这些颜色变化的光线波长引起的。靠在一起的颜色在色轮上显示出来，靠近的颜色是它们的色彩关系；相距较远的在色性上对比强烈。直接相对的颜色彼此提供了最强烈的对比，即补色。

任何颜色的互补都是以三原色系统为基础。例如，红的补色是绿色，是三原色剩下的另外两种颜色，份量相等的黄色和蓝色的混合。因此，颜色及其补色都是由三原色构成的；黄色的补色是蓝色和红色的混合造成，即紫色。如果颜色是"混合的"二次色（即橙色），其补色可以通过创造这种颜色的原色（红与黄）发现出来，三原色中剩下的颜色（蓝）即是它的补色。

4. 中性色

不是所有的物体都有色彩的性质。一些物体是黑色的、白色的或灰色的，它们看起来不同于色谱上的任何颜色。在那些东西中没有发现色彩的性质，它们的区别仅在于反射光的数量上。因为我们不能在黑、白和灰中辨别出任何一种颜色，它们便被称为中性色。这些中性色实际上反映了在一种光线中色彩波长变化的数量。

一种中性色，白色，可以视为所有颜色的存在，因为它是发生在一个表面反射不在同等程度上所有颜色的波长。

黑色一般被视为没有颜色，因为它是在一个表面上均匀吸收了所有色光，而没有反射任何色光的结果，绝对的黑色很少有，除非在很深的山洞中。因此，大多数黑色仍然包含一些被反射的色彩的痕迹，不过很轻微。

任何灰色都是一种不纯的白色，因为它只是部分反射所有色光的结果。如果反射光的数量很大，灰色就比较亮；如果数量小，灰色就比较暗。中性色是由反射光的数显示出来的，而颜色则与反射光的质量相关联。

0.2.2 色彩要素

不论任何色彩，皆具备3个基本的重要性质：色相、明度、彩度，一般称为色彩三要素或色彩三属性。如图0-7和图0-8所示。

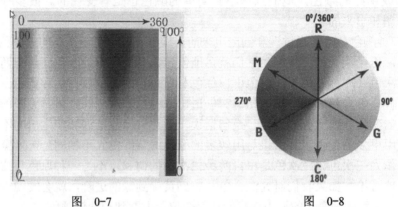

图 0-7　　　　　　　　　　　　　　　图 0-8

色相：色相（Hue，简称H；或译为色名）是区分色彩的名称，也就是色彩的名字，就如同人的姓名一般，用来辨别不同的人。

明度：明度（Value，简称V）即光线强时，感觉比较亮；光线弱时，感觉比较暗。色彩的明暗强度就是所谓的明度，明度高是指色彩较明亮，而相对的明度低，就是色彩较灰暗。

饱和度：饱和度（Chroma，简称C）是指色彩的纯度，通常以该彩色的同色名纯色所占的比例，来分辨彩度的高低，纯色比例高为彩度高，纯色比例低为彩度低。在色彩鲜艳的状况下，通常很容易感觉高彩度，但有时不易作出正确的判断，因为容易受到明度的影响，譬如大家最容易误会的是，黑、白、灰是属于无彩度的，他们只有明度。其对比关系如图0-9～图0-12所示。

色彩的对比

明度对比：当两种色彩并列时，出现灰而沉闷的弊病，就应该在明度上找原因，拉开明度对比，使暗的更暗、亮的更亮。

图 0-9

纯度对比：这是一种饱和色与不饱和色对比，是一种和谐的对比效果。纯色与复色相邻时，纯色更纯、复色更灰。

图 0-10

冷暖对比：冷暖对比是相对的。由于色彩的互相作用，有时冷色在某些画面中会产生暖的感觉。冷暖色并列，暖的更暖，冷的更冷。

图　0-11

补色对比：三原色中的一原色和另外两个原色的间色互为补色关系。如红与绿、黄与紫、蓝与橙。它们并列时，它们的相对色可产生最大效果。补色对比是一种最强烈的冷暖对比，色彩效果最鲜明、刺激。

图　0-12

0.2.3　色彩心理印象及代表意义

当看到色彩时，除了会感觉其物理方面的影响，心里也会立即产生感觉，这种感觉一般难以用言语形容，我们称为印象，也就是色彩印象。如果有一个能够合理客观地分析出这种感觉差异的标准，那么就可以利用它说明这种感觉上的差异了。

红的色彩印象：热烈、喜庆、激情、希望、饱满、危险等。

红色是强有力的色彩，是热烈、冲动的色彩，容易引起注意，所以在各种媒体中也被广泛地利用，除了具有较佳的明视效果之外，更被用来传达有活力、积极、热诚、温暖、前进等含义的企业形象与精神。另外红色也常用来作为警告、危险、禁止、防火等标示用色，人们在一些场合或物品上，看到红色标示时，不必仔细看内容，就能了解警告危险之意，在工业安全用色中，红色即是警告、危险、禁止、防火的指定色。著名色彩学约翰·伊顿教授描绘了受不同色彩刺激的红色。他说："在深红的底子上，红色平静下来，热度在熄灭着；在蓝绿色底子上，红色就像炽烈燃烧的火焰；在黄绿色底子上，红色变成一种冒失的、莽撞的闯入者，激烈而又寻常；在橙色的底子上，红色似乎被郁积着，暗淡而无生命，好像焦干了似的。"

红色主要有大红、桃红、砖红、玫瑰红。

橙的色彩印象：食物、辉煌、财富、温暖、愉快、警告等。

橙色的波长仅次于红色，因此它也具有长波长导致的特征：使脉搏加速，并有温度升高的感受。橙色是十分活泼的光辉色彩，是暖色系中最温暖的色彩，它使我们联想到金色的秋天，丰硕的果实，因此是一种富足的、快乐而幸福的色彩。另外，橙色明视度高，在工业安全用色中，橙色即是警戒色，如火车头、登山服装、背包、救生衣等。由于橙色非常明亮刺眼，有时会使人有负面低俗的印象，这种状况尤其容易发生在某类型网站的设计上，所以在运用橙色时，要注意选择搭配的色彩和表现方式，才能把橙色明亮活泼、具有动感的特性发挥出来。

经验告诉我们，橙色稍稍混入黑色或白色，会成为一种稳重、含蓄又明快的暖色，但混入较多的黑色后，就成为一种烧焦的颜色，橙色中加入较多的白色会带有一种甜腻的味道。橙色与蓝色的搭配，构成了最明亮、最欢快的色彩。

橙色主要有鲜橙、桔橙、朱橙、香吉士。

黄的色彩印象：轻快、光辉、活泼、光明、艳丽、单纯等。

黄色是亮度最高的色，在高明度下能够保持很强的纯度。黄色的灿烂、辉煌，有着太阳般的光辉，因此象征着照亮黑暗的智慧之光；黄色有着金色的光芒，因此又象征着财富和权利，它是骄傲的色彩。黑色或紫色的衬托可以使黄色达到力量无限扩大的强度。白色是吞没黄色的色彩，淡淡的粉红色也可以像美丽的少女一样将黄色这骄傲的王子征服。也就是说，黄色最不能承受黑色或白色的侵蚀，这两个色只要稍微渗入，黄色即刻失去光辉。另外，黄色明视度高，在工业安全用色中，黄色即是警告危险色，常用来警告危险或提醒注意，如交通信号上的黄灯、工程用的大型机器、学生用雨衣、雨鞋等，都使用黄色。

黄色主要有大黄、柠檬黄、柳丁黄、米黄。

绿的色彩印象：生命、安全、青春、和平、祥和、新鲜等。

鲜艳的绿色非常美丽、优雅，特别是用现代化技术创造的最纯的绿色，是很漂亮的颜色。绿色很宽容、大度，无论蓝色还是黄色的渗入，仍旧十分美丽。黄绿色单纯、年轻；蓝绿色清秀、豁达。含灰的绿色，也是一种宁静、平和的色彩，就像暮色中的森林或晨雾中的田野那样。在设计中，绿色所传达的清爽、理想、希望、生长的印象，符合了服务业、卫生保健业的诉求，在工厂中为了避免操作时眼睛疲劳，许多工作的机械也是采用绿色，一般的医疗机构场所，也常采用绿色来做空间色彩规划即标示医疗用品。

绿色主要有大绿、翠绿、橄榄绿、墨绿。

蓝色的色彩印象：整洁、沉静、冷峻、理智、稳定、精确等。

蓝色是博大的色彩，天空和大海这最辽阔的景色都呈蔚蓝色，无论深蓝色还是淡蓝色，都会使我们联想到无垠的宇宙或流动的大气，因此，蓝色也是永恒的象征。蓝色是最冷的颜色，使人们联想到冰川上的蓝色投影。蓝色在纯净的情况下并不代表感情上的冷漠，它只不过代表一种平静、理智与纯净而已。真正令人的情感缩到冷酷悲哀的颜色，是那些被弄混浊的蓝色。由于蓝色沉稳的特性，具有理智、准确的印象，在设计中，强调科技、效率的商品或企业形象，大多选用蓝色当标准色、企业色，如电脑、汽车、影印机、摄影器材等。另外，蓝色也代表忧郁，这是受了西方文化的影响，这个印象也运用在文学作品或感性诉求的设计中。

蓝色主要有大蓝、天蓝、水蓝、深蓝。

紫色的色彩印象：神秘、高贵、浪漫、优雅、庄重、奢华等。

由于具有强烈的女性化性格，在设计用色中，紫色也受到相当的限制。除了和女性有关的商品或企业形象之外，其他类的设计不常采用为主色。波长最短的可见光是紫色波。通常，我们会觉得有很多紫色，因为红色加少许蓝色或蓝色加少许红色都会明显地呈紫色。所以很难确定标准的紫色。伊顿教授对紫色做过这样的描述：紫色是非知觉的色，神秘，给人印象深刻，有时给人以压迫感，并且因对比的不同，时而富有威胁性，时而又富有鼓舞性。当紫色以色域出现时，便可能明显产生恐怖感，在倾向于紫红色时更是如此。歌德说："这类色光投射到一幅景色上，就暗示着世界末日的恐怖。"对紫色的感觉，我很认同倪匡说的一句:"紫色是很暧昧的色彩,如同广东人煲的某种浓汤。"

紫色是象征虔诚的色相,当紫色深化暗化时,有时就成为蒙昧迷信的象征。潜伏的大灾难就常从暗紫色中突然爆发出来,一旦紫色被淡化,当光明与理解照亮了蒙昧的虔诚之色时,优美可爱的晕色就会使我们心醉。

用紫色表现混乱、死亡和兴奋,用蓝紫色表现孤独与献身,用红紫色表现神圣的爱和精神的统辖领域——简而言之,这就是紫色色带的一些表现价值。

紫色主要有大紫、贵族紫、葡萄酒紫、深紫。

青色的色彩印象:信任、朝气、脱俗、真诚、清丽、宁静等。

在设计上,青色通常用来表现晴朗的天空、大海等,或用来传达某些感情、性格的变化,或强调格调朝气脱俗的企业或商品形象。

青色主要有青绿色、海蓝色、淡蓝色。

灰色的色彩印象:平凡、随意、宽容、苍老、细致、冷漠等。

在设计中,灰色具有柔和、高雅的印象,而且属于中间性格,男女皆能接受,所以灰色也是永远流行的主要颜色。许多高科技产品,尤其是和金属材料有关的,几乎都采用灰色来传达高级、科技的形象。使用灰色时,大多利用不同的层次变化组合或搭配其他色彩,才不会因为过于素净、沉闷,而有呆板、僵硬的感觉。但灰色也是最被动的色彩,它是彻底的中性色,依靠邻近的色彩获得生命,灰色一旦靠近鲜艳的暖色,就会显出冷静的品格;若靠近冷色,则变为温和的暖灰色。与其用"休止符"这样的字眼来称呼黑色,不如把它用在灰色上,因为无论黑白的混合、补色的混合、全色的混合,最终都导致中性灰色。灰色意味着一切色彩对比的消失,是视觉上最安稳的休息点。然而,人眼是不能长久地、无线扩大地注视着灰色的,因为无休止的休息意味着死亡。

灰色主要有大灰、老鼠灰、蓝灰、深灰。

黑色与白色的色彩印象如下所示。

黑色:庄严、含蓄、恐怖、沉默、消亡、罪恶等。

白色:洁净、纯洁、神圣、清白、卫生、恬静等。

在设计中,白色具有高级、科技的印象,通常需要和其他色彩搭配使用。纯白色会带给别人寒冷、严峻的感觉,所以在使用白色时,都会掺一些其他的色彩,如象牙白、米白、乳白、苹果白。在生活用品、服饰用色上,白色是永远流行的主要色,可以和任何颜色作搭配。

黑色具有高贵、稳重、科技的印象,许多科技产品的用色,如电视、跑车、摄影机、音响、仪器的色彩,大多采用黑色。在其他方面,黑色是庄严的印象,也常用在一些特殊页面的网页设计,另类设计大多利用黑色来塑造高贵的形象,这也是一种永远流行的主要颜色,适合和许多色彩作搭配。

无彩色在心理上与有彩色具有同样的价值。黑色与白色是对色彩的最后抽象,代表色彩世界的阴极和阳极。太极图案就是以黑白两色的循环形式来表现宇宙永恒的运动。黑白所具有的抽象表现力以及神秘感,似乎能超越任何色彩。黑色意味着空无,像太阳的毁灭,像永恒的沉默,没有未来,失去希望。而白色的沉默不是死亡,而是有无尽的可能性。黑白两色是极端对立的颜色,然而有时候又令我们感到它们之间有着令人难以言状的共性。白色与黑色都可以表达对死亡的恐惧和悲哀,都具有不可超越的虚幻和无限的精神,黑白又总是以对方的存在显示自身的力量。它们似乎是整个色彩世界的主宰。

0.2.4 色彩印象小结

色彩的直接心理效应来自色彩的物理光刺激对人的生理发生的直接影响。心理学家对此曾做过许多实验。他们发现，在红色环境中，人的脉搏会加快，血压有所升高，情绪兴奋冲动；而处在蓝色环境中，脉搏会减缓，情绪也较沉静。有的科学家发现，颜色能影响脑电波，脑电波对红色的反应是警觉，对蓝色的反应是放松。自19世纪中叶以后，心理学已从哲学转入科学的范畴，心理学家注重实验所验证的色彩心理的效果。不少色彩理论中都对此作过专门的介绍，这些经验向我们明确地肯定了色彩对人心理的影响。

冷色与暖色是依据心理错觉对色彩的物理性分类，对于颜色的物质性印象，大致由冷暖两个色系产生。波长长的红光和橙、黄色光，本身有暖和感，因此光照射到任何色都会有暖和感；相反，波长短的紫色光、蓝色光、绿色光，有寒冷的感觉。

冷色与暖色除去给我们温度上的不同感觉以外，还会带来其他的一些感受，例如重量感、湿度感等。比方说，暖色偏重，冷色偏轻；暖色有密度强的感觉，冷色有稀薄的感觉；两者相比较，冷色的透明感更强，暖色则透明感较弱；冷色显得湿润，暖色显得干燥；冷色有很远的感觉，暖色则有迫近感。一般说来，在狭窄的空间中，若想使它变得宽敞，应该使用明亮的冷调。由于暖色有前进感，冷色有后退感，可在细长的空间中的两壁涂以暖色，近处的两壁涂以冷色，空间就会从心理上感到更接近方形。

除去冷暖色系具有明显的心理区别以外，色彩的明度与纯度也会引起对色彩物理印象的错觉。一般来说，颜色的重量感主要取决于色彩的明度，暗色给人以重的感觉，明色给人以轻的感觉。纯度与明度的变化给人以色彩软硬的印象，如淡的亮色使人觉得柔软，暗的纯色则有强硬的感觉。

0.3 CorelDRAW X5软件的基本操作

0.3.1 CorelDRAW X5软件工作界面的认识

CorelDRAW X5的工作界面，如图0-13所示。

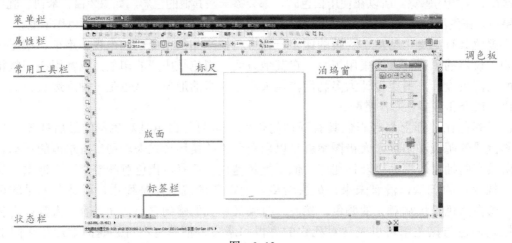

图 0-13

菜单栏：包含下拉菜单选项的区域。

属性栏：一个可移动的栏，包含与当前工具或对象相关的命令。

工具栏：一个可移动的栏，包含菜单和其他命令的快捷方式。

标　尺：用于确定绘图中对象大小和位置的水平和垂直边框。

工具栏：包含工具的浮动栏，可用于创建、填充和修改绘图中的对象。

版　面：窗口中的矩形区域。它是工作区域中可打印的区域。

调色板：包含色样的泊坞栏 。

泊坞窗：包含与特定工具或任务相关的可用命令与设置的窗口。

标签栏：显示和控制版面的页数。

状态栏：应用程序窗口底部的区域，包含类型、大小、颜色、填充和分辨率等有关对象属性的信息。状态栏还显示鼠标的当前位置。

0.3.2　CorelDRAW X5新增功能介绍

以下部分中的新功能和增强功能可以帮助用户更快更轻松地完成许多任务，从而提高生产力。

1．从模板新建文档

打开"从模板新建"对话框，可以使用该对话框访问专业艺术家设计的创造性布局。根据其中的一个布局启动新文档，或仅将这些布局用作设计灵感的来源。

CorelDRAW X5包含"创建新文档"对话框，该对话框提供可供选择的页面尺寸预设、文档分辨率、预览模式、颜色模式和颜色预置文件。描述区域为新用户阐述了可用的控件和设置，如图0-14所示。

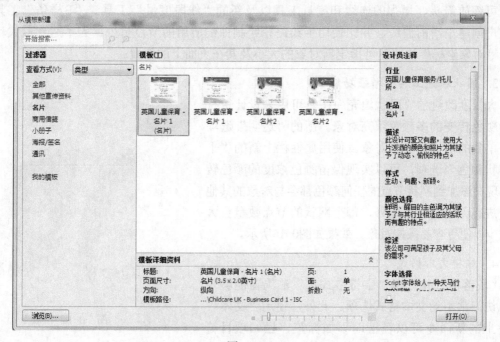

图　0-14

2. 图库

CorelDRAW X5在设计创新中还继承了之前的版本优点，所以一直得到专业的和出色的设计师的信赖。套装提供了重要的新功能和增强功能来帮助用户有自信地创建项目，如图0-15所示。

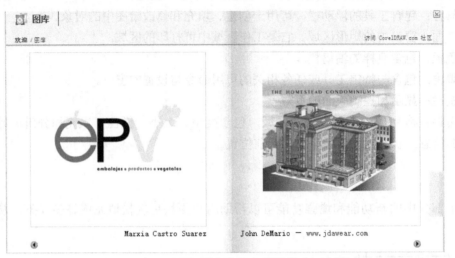

图 0-15

1）工具提示（新功能）：将光标放在图标、按钮和其他界面元素上时，工具提示可提供有关应用程序控件的帮助信息。"提示"可提供有关工具箱中工具的即时信息。单击工具时，将显示提示，显示如何使用该工具。

2）绘图工具（新功能）：一系列新绘图工具包括"-B样条"工具、"对象坐标"泊坞窗、可缩放箭头、增强的连线和度量工具以及新的"线段度量"工具。"B样条"工具可让用户创建平滑的曲线，并比使用手绘路径绘制曲线所用的节点更少。为了达到最大精确度，"对象坐标"泊坞窗可指定新对象的大小及其在页面上的位置。

3. 网状填充工具（增强功能）

大幅度改进的"网状填充"工具可用来设计带有流动颜色转变的多颜色填充对象。新的"透明"选项可在单独的节点后显示对象。使用属性栏上新的"平滑网状颜色"选项，可以实现保留颜色浓度的颜色转变。现在添加到网状节点的任何颜色都会与对象的其他部分进行无缝调和。此外，每个网状的节点数量会大大减少以便更容易操控对象。效果如图0-16所示。

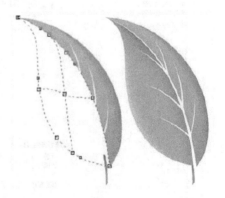

图 0-16

4. 编排文本格式

"段落格式化"和"字符格式化"泊坞窗能够轻松地访问常用的文本格式选项。此外，使用"文本"菜单上的新命令可以轻松地添加标签、栏、项目符号，制作首字下沉的效果以及插入格式化代码，例如em短画线和不间断空格。

5. 曲线工具（新功能和增强功能）

使用"曲线工具"绘图时，可选择显示或隐藏边框，这样用户就可以连贯地绘图，不会无意地选中边框。此外，用户可以指定连接的曲线间的空间数量，还有多种连接类型选项可供选择，包括将曲线延长到交叉点、定义要添加到线段之间的半径或定义添加到线段之间的倒角。

6. 调色板管理器泊坞窗（增强功能）

增强的"调色板管理器"泊坞窗包含新的以及更多正确的PANTONE®调色板，使创建、组织和显示或隐藏默认及自定义的调色板变得更为简单。用户可以创建特定网络的RGB调色板或特定打印的CMYK（印刷色彩模式，即青色Cyan、品红色Magenta、黄色Yellow、黑色Black）调色板。关于最佳颜色一致性，当使用多个应用程序时用户还可以添加第三方调色板。效果如图0-17所示。

图 0-17

7. 像素预览（新功能）

新的"像素"视图可让用户以实际像素大小创建绘图，从而更准确地显示设计在Web上的展示。访问"视图"菜单的"像素"模式可帮助用户更精确地对齐对象。此外，CorelDRAW还能将对象贴齐到像素。效果如图0-18所示。

8. 圆角（增强功能）

现在用户可以从"矩形工具"属性栏中创建倒棱角、扇形角或圆角。延展或缩放矩形时，圆角会保留，不发生变形且可以选择保留原来的圆角半径。此外，圆角是以实际半径为单位表示的，这样更容易对其进行处理。效果如图0-19所示。

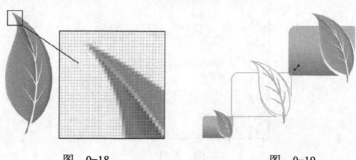

图 0-18   图 0-19

9. 照片效果（新功能）

通过Corel PHOTO-PAINT X5，用户可以使用新增的照片效果来修改照片。"振动"效果对于平衡颜色饱和度很有帮助。它提高了低饱和度颜色的浓度，同时保持高饱和度的颜色不变。"灰度"效果很适合于降低照片的对象、图层或区域中的饱和度。它还允许用户选择在灰度转换中使用过的颜色。"照片过滤器"效果可在拍摄照片时模拟照相机透镜效果，如图0-20所示。

图　0-20

10. 对象泊坞窗（增强功能）

在Corel PHOTO-PAINT X5中，改善的"对象"泊坞窗可通过启用设计对象的层次组织和使常用功能更易于使用来帮助用户获得更高的工作流效率。现在，如果用户组织一个复杂的图像时就可以使用嵌套分组，它可以帮助在多个应用程序之间移动对象群组。图像缩略图和遮罩已经大大改善，可随时进行调整。用户现在可以锁定对象以防止意外选择、编辑和移动对象。效果如图0-21所示。

图　0-21

11. 锁定工具栏选项（新功能）

现在可以将工具栏锁定在适当的位置，这样就不会在选择工具时无意移动工具栏。此外，还可以选择随时解除锁定工具栏，并将其放在屏幕的任意位置。

12. 文档/图像调色板（新功能）

CorelDRAW X5和Corel PHOTO-PAINT X5在运行时都会为每一个设计项目自动创建自定义调色板。调色板与文件保存在一起，这样用户以后就可以快速访问此项目的颜色。效果如图0-22所示。

图　0-22

13. 默认颜色管理设置对话框（新功能）

在CorelDRAW X5中，颜色管理引擎已完全重新设计。新的"默认颜色管理设置"对话框在为高级用户提供更好控制的同时允许制定应用程序颜色规则来帮助实现正确的颜色显示。效果如图0-23所示。

图　0-23

14. 颜色校样设置泊坞窗（新功能和增强功能）

所有颜色校样设置都集中在一个单一的泊坞窗中，用户可以保存预设并更有效地为各种输出设备准备作品。该泊坞窗提供了可供选择的输出设备列表来预览输出，帮助节省时间。当获得客户批准后，还可以轻松地导出软校样并从泊坞窗打印硬校样，如图0-24所示。

图 0-24

15. 导出到Web对话框（新功能）

新的"导出到Web"对话框提供了常用导出控件的单访问点，准备导出文件时不必打开其他对话框。它还可以让用户先比较各种过滤器设置的结果再选择输出格式，便于得到最佳结果。此外，为光滑处理的边缘指定对象透明度和边颜色——所有这些操作都可以实时预览。用户还可以选择并编辑索引格式的调色板。效果如图0-25所示。

图 0-25

小　结

通过对导学内容的学习，学生可以了解什么是平面设计、设计的作用及应用的范围。掌握平面广告设计要素、平面设计的术语、平面设计组成元素、平面设计创意表现技法等基础知识。掌握对CorelDRAW X5软件的安装方法及新增功能项，这样学生可在以后工作中解决CorelDRAW X5软件出现的问题。

项目 1
设计宣传类产品

任务情境

我们生活在一个被广告所左右的时代，每天不可避免地受到广告的影响。它们不仅改变了企业的命运，也改变了人们的观念。生命力源自创意。人们用独到的色彩和图文向不同的人群展示和传播了不同行业的不同理念；凭借着独有思维和灵感，促进人们之间相互交流和沟通，促使了企业的全面发展。

1. 作品展示

任务分析

坐落在胜利大街上的"馨丽康城"以其优越的地理环境、低廉的售出价格、多种户型设计等特点期待着您的光临。图1-1是根据以上信息内容设计完成的一个DM宣传单。其构图简洁、明快、突出主题要求。颜色搭配以浅青色为主色调更给人以清丽、脱俗之感。

2. 创建户型平面图、创建平面布置效果图

平面布置效果图，如图1-2所示。

图　1-1

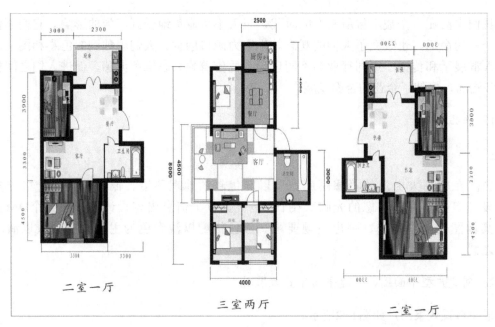

图　1-2

▶ **任务实施**

1）新建一个空白文档，单击"多边形工具"→"网格纸工具" ⬭☆✿ 🔲✎⚫ 或按<D>键在属性栏中设计网格的行数与列数分别为"20"。按<Ctrl>键在版面上拖动鼠标，绘制一个正方形的网格。右击调色板上的灰色，使网格线为浅灰色。效果如图1-3所示。

2）选择网格后单击"排列"→"锁定对象"，当网格四周出现了锁定点时，网格便锁定到了版面上。效果如图1-4和图1-5所示。

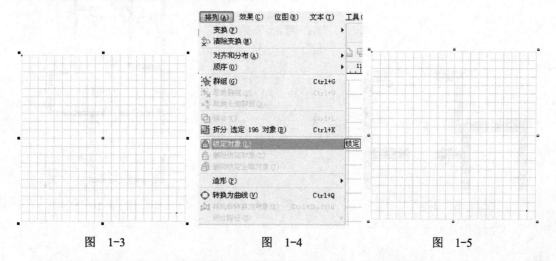

图 1-3　　　　　　　图 1-4　　　　　　　图 1-5

3）选择"折线工具"并在网格上绘制出墙体轮廓图。使用"挑选工具"并选择全部线条，按<F12>键调出轮廓笔对话框，修改线条宽度为1.4mm。效果如图1-6和图1-7所示。

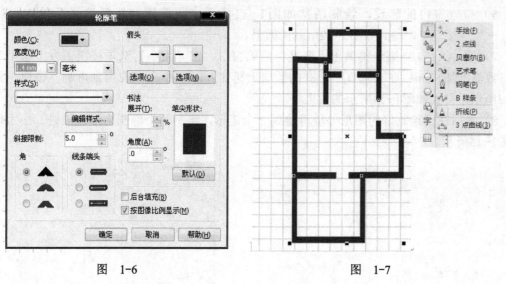

图 1-6　　　　　　　　　　图 1-7

提示　　在使用"折线工具"时，按<Enter>键可结束当前的绘制，按<Esc>键可取消当前的绘制。

4）选择"矩形工具"在墙体上绘制一个窗口，单击调色板"白色"，将矩形内部填充白色。再次选择"折线工具"并在矩形内部绘制3条线段，如图1-8所示。

5）按<Ctrl+G>组合键将绘制好的窗户各部分组合到一起。按<Ctrl+D>组合键再绘制几个移动到墙体的合适的部分。利用"贝赛尔工具" 绘制门，如图1-9和图1-10所示。

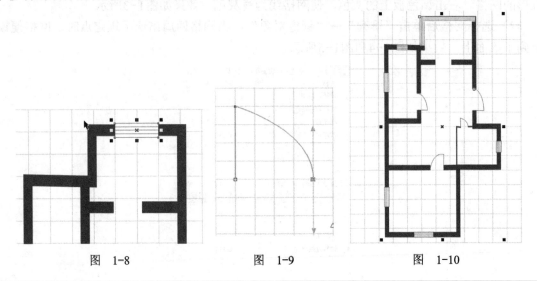

图 1-8   图 1-9   图 1-10

提示　　按<Ctrl+G>组合键可以将两个以上对象组合成一个整体，并可以多次组合。取消组合按<Ctrl+U>组合键，如有多次组合按<Ctrl+Shift+U>组合键。

6）布置室内的陈设，绘制浴盆如图1-11所示。将椭圆与矩形选择后单击"属性栏"→"焊接" 　，得到如图1-12所示的效果。

7）按<Alt+F10>组合键调出"变换"泊坞窗口，在"大小"选项按钮下方"水平"的原有数值上加1mm；在"垂直"原有的数值上再加2mm。单击"应用到再制"按钮，如图1-13所示，得到如图1-14所示的效果。

8）最后在已绘制好的图形外围再绘制一个矩形，绘制两个椭圆为浴盆的进、出水口，如图1-15所示。

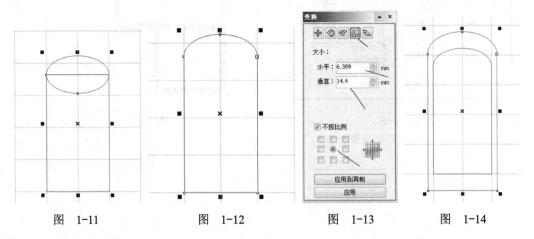

图 1-11   图 1-12   图 1-13   图 1-14

9）利用相同的方法绘制出床等其他陈设物品，如图1-16和图1-17所示。

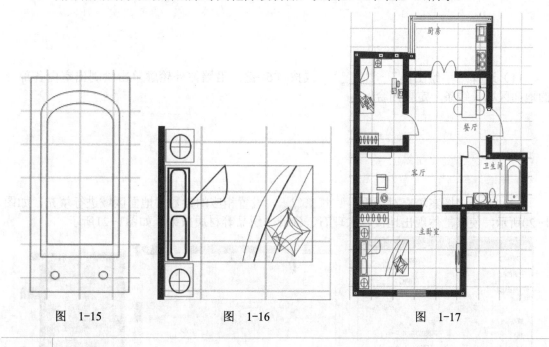

图　1-15　　　　　　图　1-16　　　　　　　　图　1-17

提示　注意主要的轮廓线条要为闭合的，否则无法填充颜色。

10）使用"i选工具"选择绘制好的室内陈设物品，选择"填充"对话框或按<Shift+F11>组合键调出填充对话框。设置相关颜色值给物品着色，如图1-18所示。有些物品应体现出立体感，可以用"渐变填充"或按<F11>键调出"渐变填充"对话框进行填充，如图1-19所示。

图　1-18

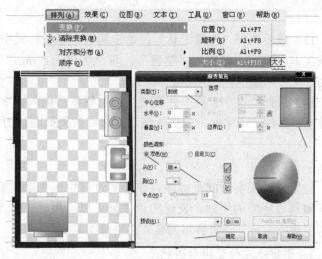

图　1-19

21

提示　　变换泊坞窗口包括位置、旋转、比例、大小、倾斜5个选项，可以单击"排列"→"变换"打开。

11）选择"手绘工具"或按<F5>键，沿墙体外轮廓单击绘制出室内各部分的地面区域（线条一定要闭合）。

提示　　使用"手绘工具"时，单击绘制的是直线；双击绘制连续的折线；拖动绘制任意弧度的曲线。

12）选择"图案填充对话框"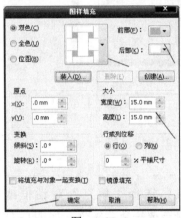，设置相应的参数对地面区域进行填充，如图1-20所示，使其能体现出地板、大理石、瓷砖、织品等材质效果，如图1-21所示。

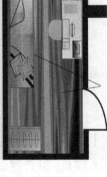

图　1-20　　　　　　　　　　　　图　1-21

提示　　地面的特殊材质效果还可以通过CorelDRAW X5中的"底纹填充"和"PostScript填充对话框"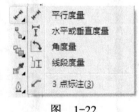来完成。

13）最后选择"度量工具"，单击属性栏标注样式中的"自动度量工具"模式，精度为"整数"，单位为"无或mm"，文字位置为"上"，如图1-22所示。

14）选择"文字工具"并在适当的位置单击输入文字信息，标出卧室、客厅、卫生间、厨房等信息。最终效果如图1-2所示。

图　1-22

任务分析

位置指示图实际就是地图，在绘制过程中要先确定好主要建筑所在位置，再围绕建筑物开展周边环境的绘制。表现河流效果可以选用"艺术笔"等工具完成，道路的绘制可以选用"折线工具""贝赛尔工具""手绘工具"等。

3. 创建地理位置指示图效果

位置指示图如图1-23和图1-24所示。

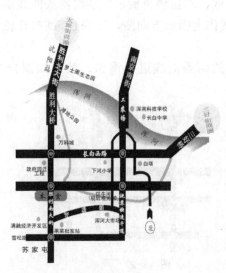

图 1-23

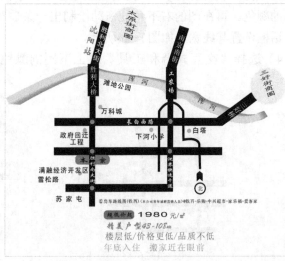

图 1-24

任务实施

1）新建一个空白文档，单击"多边形工具"→"网格纸工具"或按<D>键在属性栏中设计网格的行数与列数分别为"20"。按<Ctrl>键在版面上拖动鼠标，绘制一个正方形的网格。右击调色板上的"灰色"，使网格线为浅灰色。

2）选择网格后单击"排列"→"锁定对象"。当网格四周出现了锁定点时，网格便锁定到了版面上。选择"折线工具"并在网格上绘制出道路轮廓图；利用"椭圆工具"绘制出主要商业网点位置；并用"挑选工具"选择全部线条，按<F12>键调出轮廓笔对话框，修改线条宽度。效果如图1-25所示。

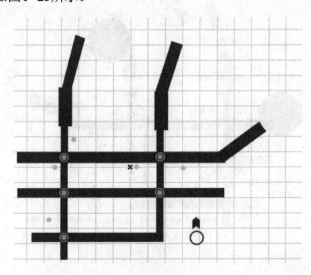

图 1-25

3）选择"手绘工具"，拖动绘制出上下两条曲线，右击调色板，分别将两条曲线填充不同的颜色。再在图的右下角处拖动绘制出一条曲线作为指示方向线，按<F12>键打开轮廓笔对话框设置其线宽，如图1-26所示。

4）选择"交互式调和工具"对上下不同颜色的两条曲线进行调和，效果如图1-27所示。

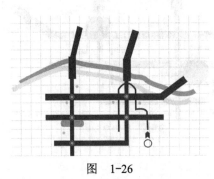
图 1-26

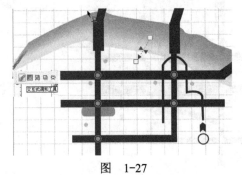
图 1-27

5）移动曲线到适当位置，选择"文字工具"单击输入各部分文字说明内容，调整文件的大小、颜色及位置关系，效果如图1-28所示。

> 提示
>
> 文字工具在输入文字时有两种状态，单击输入的文字为"美术字"，各行都是单独存在的个体；拖动输入的为"段落文本"，所有文字在文本框内部，可对文本格式化处理，适用于大量文字排版。
>
> 美术字与段落文字可以相互转换。使用"挑选工具"在已输入的文字上选择"转换到……"并单击鼠标右键或按<Ctrl+F8>组合键。
>
> 快速修改文字字符间距和行距用"形状工具"，或按<F10>键。

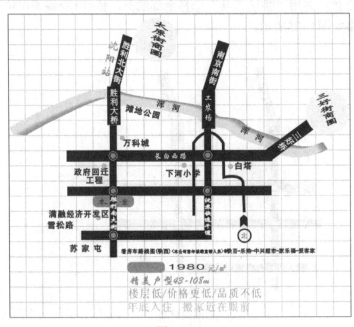
图 1-28

4. 广告整体设计

整体广告设计要考虑的内容很多，首先是版面的划分，要突出主题，明确主次关系；其次要考虑比例、位置、颜色、文字说明等元素之间的关系。

1）单击版面标签栏中的"+"添加一个新A4纸版面。双击"矩形工具"，创建一个与版面相同大小的A4矩形，右击调色板中"青色"将矩形外轮廓填充颜色，单击"白色"将内部填充颜色，如图1-29和图1-30所示。

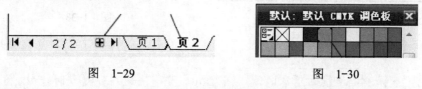

图 1-29   图 1-30

2）选择"文件"→"导入"或按<Ctrl+I>组合键，导入素材"房地产广告"→"素材"→"2-10"素材。在版面上拖动光标，调整其大小到合适的位置，如图1-31所示。

图 1-31

3）单击"挑选工具"按<Shift>键分别选择矩形和图片，在属性栏中选择"对齐和分布"按钮，调出"对齐与分布"对话框，并设置相关参数值，如图1-32所示，使图片与矩形水平居中对齐。效果如图1-33所示。

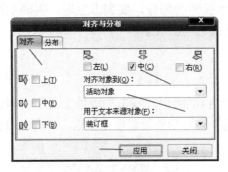

图 1-32　　　　　　　　　　　　　　　　图 1-33

4）选择"矩形工具"在图片下方绘制一个较小的矩形，按<Shift+F11>组合键调出"填充"对话框设置相关参数，将矩形填充颜色，如图1-34和图1-35所示。

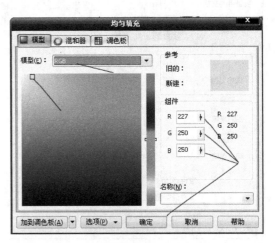

图 1-34　　　　　　　　　　　　　　　　图 1-35

5）选择"矩形工具"并在图片右上角位置绘制一个48mm×16mm的矩形，并修改属性栏中"左边矩形的边角圆滑度"为80。利用相同的方法再绘制出3个6mm×9mm的矩形，填充不同的颜色，并修改属性栏中"右边矩形的边角圆滑度"为50。选择"挑选工具"将其旋转移动到适当位置，如图1-36所示。

图　1-36

提示

绘制完的矩形4个边角可以通过属性栏修改为圆角。如果将属性栏中的"小锁头"标记按下可以同时修改4个角的圆滑程度；如果将"小锁头"标记点起则只能修改其中某一个角的圆滑程度。

6）选择"文字工具"单击输入相关文字信息，选择"挑选工具"修改文字大小、字体、颜色，旋转移动到适当位置。使用"文字工具"选择文字后选择"格式化文本"可以设置文字位移效果。效果如图1-37和图1-38所示。

图　1-37

图　1-38

提示

按<Ctrl+T>组合键可调出"字符格式化"泊坞窗口。属性栏中 可以将文字横向和纵向转换。

7）选择"标题形状工具"，在属性栏样式"完美形状"中选择"爆炸星形"拖动绘制。单击调色板中的"黄色"，按<F12>键设置外轮廓颜色为C=4、M=3、Y=92、K=0。效果如图1-39所示。

图　1-39

提示　在绘制自定义形状图形时，如果图形上出现红色或黄色的棱形点时，使用"形状工具"或按<F10>键拖动该点会得到图形的扩展形状。

8）创建投影文字效果。选择"文字工具"单击输入相关文字信息，选择"挑选工具"右击调色板中的"白色"填充文字外轮廓线颜色。按<F12>键设置线宽为0.35mm。选择"交互式投影工具"在文字上拖动光标，属性栏设置相关属性给文字添加投景效果。效果如图1-40所示。

图　1-40

提示　<Ctrl>+数字小键盘上的<8>，每次增加2磅的字体大小；<Ctrl>+数字小键盘上的<2>，每次减少2磅的字体大小；<Ctrl>+数字键盘上的<6>，按照字体每次增大一级；<Ctrl>+数字小键盘上的<4>，按照字体每次减小一级。

9）创建路径文字效果。选择"钢笔工具"拖动绘制一条曲线。选择"文字工具"单击输入相关文字信息，选择"挑选工具"→"文本"→"使文本适合路径"，在适当位置单击鼠标。效果如图1-41所示。

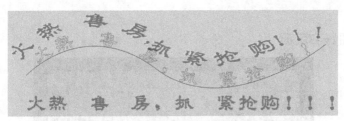

图 1-41

> **提示**
>
> 文本适合路径后，利用"挑选工具"选择该路径，按<Delete>键可以单独将其删除。结束钢笔绘制按<Enter>键。

10）单击版面标签栏中的"页1"转换到"户型平面图和位置指示图"，将前面制作的图形复制到"页2"，移动到适当位置。使用"挑选工具"将所有图形全选，按<Ctrl+G>组合键使用"群组"命令全部组合在一起。选择工具栏中的"投影工具"添加投影效果，最终效果如图1-42所示。

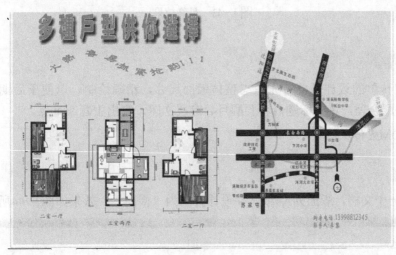

图 1-42

任务2 设计直邮宣传单

↘ **任务情境**

我们经常被促销信息包围，在各个商场、超市、店铺或社区里的信息栏，都可以看到悬挂的促销招贴画或促销海报，走在街上经常也会接到发给我们的DM（Direct Mail，快讯商品广告）宣传单，每天的报纸更是被大量的促销信息所占据。各种各样的商品宣传，有的是因为库存过大开展促销活动，有的是因为节假日和周年庆开展促销活动，有的是因为换季或者进行下一季度订货开展促销、新品上市宣传，有的是因为阻止竞争对手的促销活动开展宣传……

请根据以上所给参考信息，设计制作一张DM宣传单或海报。

1. 作品展示

最终效果如图1-43所示。

图1-43　最终效果

折页类宣传单的设计需要首先考虑整体版面尺寸，精确绘制，以便于后期加工生产。整体颜色要搭配合理，主要标题内容要醒目、有层次感，突出主题或重点。

2. 创建DM宣传底图

1）新建一个文档，版面为A4纸，并设计方向为"横向"，效果如图1-44所示。

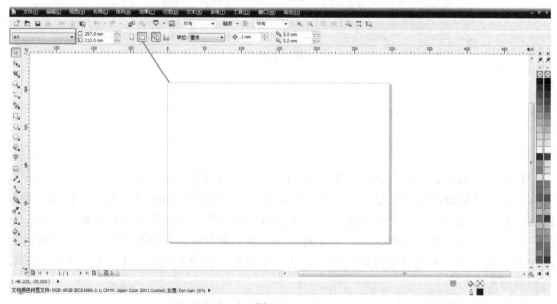

图　1-44

2）选择"矩形工具"拖动绘制一个矩形，尺寸为240mm×150mm。选择"排列"菜单→"变换"→"比例"，设置变换比例为"90%"，副本设置为"1"，单击"应用"。完成效果如图1-45所示。

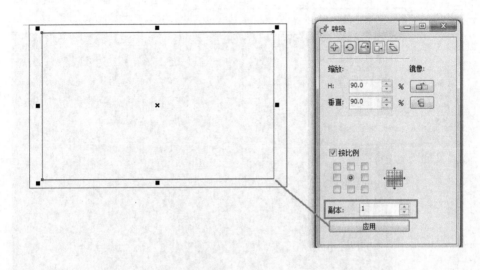

图 1-45

3）使用"填充工具"为图形填充底色"墨绿色"，R=0、G=79、B=81，使用鼠标右键在"颜色板"上设置外轮廓线为"无颜色"，完成效果如图1-46所示。

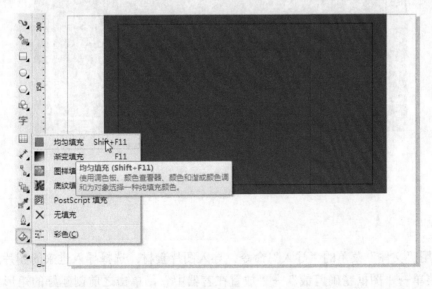

图 1-46

4）使用"艺术笔工具"设置艺术笔工具属性，沿图形内矩形边缘绘制不规则边缘轮廓，并为轮廓填充"黄色"，完成效果如图1-47和图1-48所示。

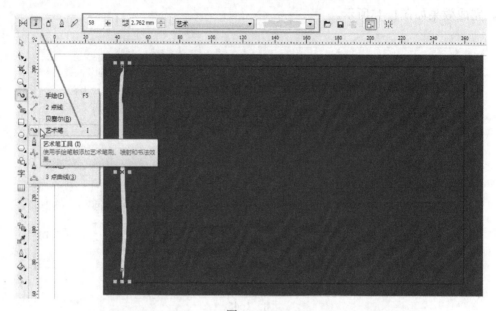

图 1-47

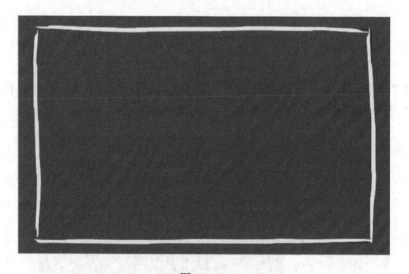

图 1-48

提示　　使用"再制"命令可以直接在工作区中复制对象的副本，复制的对象与原对象在位置上有所偏移。

5）使用"文件"菜单的"导入"命令，导入图片素材。选择导入进来的图片后，单击"效果"菜单→"图框精确剪裁"→"放置在容器中"，单击之前创建好的矩形为图框，将图片素材放置到图框里进行剪裁，效果如图1-49所示。

图 1-49

6）图片素材第一次被置入到矩形中后，位置及大小都不可能完全符合要求，所以再进一步进行编辑修改。单击完成的图片素材，选择"效果"菜单→"图框精确剪裁"→"编辑内容"。将图片进行调整，选择"效果"菜单→"图框精确剪裁"→"结束编辑"，去除图片边框颜色。完成效果如图1-50和图1-51所示。

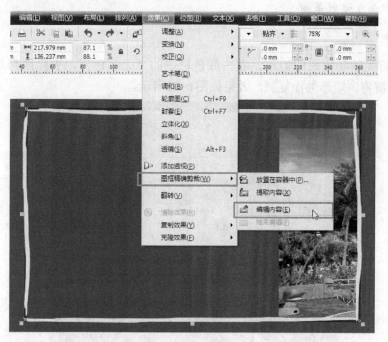

图 1-50

图 1-51

➘ 任务分析

平面单一的宣传广告看上去并不会很有吸引力，为其添加些立体效果，不仅美观且具时尚气息，更有商业价值。在完成折叠立体效果时，多采用"交互式投影工具"为折叠处添加投影效果。

3．创建广告立体效果图

➘ 任务实施

1）选择首先绘制完成的矩形，右击颜色栏中的"无颜色"，去除图形边框。接着按<Ctrl+D>组合键将该矩形进行复制，效果如图1-52所示。

图 1-52

2）重新选择首先创建的矩形，使用"阴影工具"为其添加投影效果。设置相关属性，使阴影投影部分位于图形的正下方，效果如图1-53和图1-54所示。

图 1-53   图 1-54

3）将图形与阴影分离出来，选择"排列"菜单→"拆分阴影群组"。选择阴影图形调整其大小、位置，完成整体效果如图1-55和图1-56所示。

图 1-55   图 1-56

提示

先创建的图形始终保持在最下方，后创建的图形会依次叠加在上方。按<Shift+PageUP>组合键将图形调到最顶层；按<Shift+PageDown>组合键将图形调到最底层。其他的具体设置按"排列"→"顺序"来完成。

4）调整广告表面矩形颜色，使其颜色浅淡些能体现出层次感，建议RGB颜色值为R=8、G=111、B=115，完成整体效果。

4．添加广告文字

▶ 任务实施

1）使用"文字工具"输入文字"新世纪港湾"，选择"挑选工具"并单击鼠标右键，在弹出的快捷菜单中选择"调色板"→"白色"，设置文字轮廓及填充颜色。设置字体时宜选用较粗的字体，这样可以给读者以正式、稳定的感觉。为使字体更具立体效果，可进行复制并修改字体颜色，效果如图1-57所示。

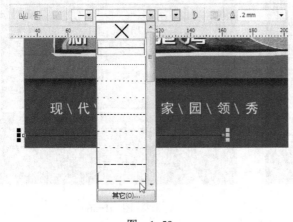

图　1-57

2）输入完文字后，可使用"造形工具"或按<F10>键调整文字字体间距，效果如图1-58所示。

图　1-58

3）选择"手绘工具"绘制直线，将该直线选择后设置属性栏中的线型为"虚线"并加粗，完成效果如图1-59和图1-60所示。

图　1-59　　　　　　　　　　　　　　　　　　图　1-60

提示　　　使用"手绘工具"时，可以单击单点绘制直线段。绘制过程中可以按住<Ctrl>键强制绘制水平或垂直的直线；当拖动鼠标时，则可以自由绘制曲线。

4）使用"文字工具"输入广告中其他文字信息，并调整文字字体、颜色、大小及位置，使版面图文字排版合理，完成效果如图1-61所示。

图 1-61

> **提示** 当需要输入大量文字内容时，大多使用段落文本。段落文本可以快速完成对文字格式化处理和较烦锁的排版效果设置，其中包括插入项目符号和编号、缩进设置、上标、下标、首字下沉、分栏等。

5）为整体版面添加一个底纹图形，用于衬托整体版面。使用"矩形工具"绘制一个较大的矩形，使用"排列"菜单中的"顺序"将该矩形移动到最底层。使用"图样填充"命令，选择一个颜色较深的图样进行填充，最终完成效果如图1-62所示。

图 1-62

> **提示** "轮廓笔工具"对话框可以设置对象的轮廓颜色、线宽、样式以及线条两端的箭头样式等参数。

任务3 设计跳棋棋盘

↘ 任务情境

随着市场经济的飞速发展，如果能将各种信息以最快捷、方便的方式传达给观众，则不仅拥有市场占有率，而且其商品附带广告的形式也孕育而生。商品附带广告是指以商品的标签、包装或产品外观本身（包括其袋、盒、瓶、箱、桶、杯，甚至瓶盖）等各种商品外包装作为载体，为其他类别的商品或服务做广告宣传的广告形式，通过该商品本身的市场流通渠道，使其附带的广告信息精确地到达目标群众。实质上，这就是一种商品的广告信息与另外一种商品的互利共存关系。

1．作品展示

效果如图1-63所示。

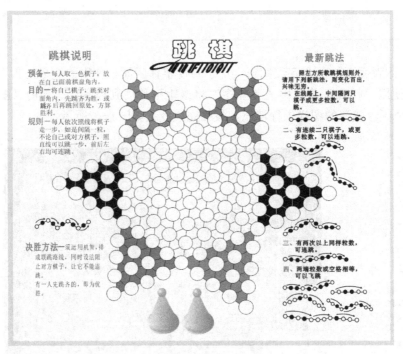

图　1-63

↘ 任务分析

图1-63为我们生活中常见的益智类娱乐工具"跳棋"的棋盘平面图，该图中不仅有文字详解跳棋的玩法，还配有说明图示。制作棋盘中心区域时，首先要分析整个棋盘组成结构，然后找到可以追寻的规律，利用软件辅助制图工具如标尺、辅助线、对齐等，完成排版效果。

任务实施

2. 创建棋盘中心区域效果图

1）新建一个文档，版面为A4纸并设计方向为"横向"。使用"矩形工具"创建一个228mm×193mm的矩形并填充白色。选择"工具"菜单→"选项"命令，打开"选项"对话框设计文档背景色为"20%灰色"，效果如图1-64所示。

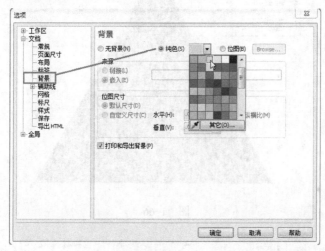

图　1-64

2）选择已绘制完成的矩形并单击鼠标右键，在弹出的快捷菜单中选择"锁定对象"将图形锁定。被锁定的图形不可以移动或编辑，方便下面的绘图，效果如图1-65所示。

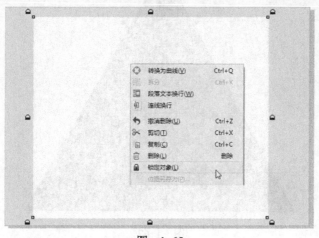

图　1-65

> **提示**　　再次选择锁定后的图形并单击鼠标右键，在弹出的快捷菜单中使用"解除锁定对象"即可恢复图形的正常编辑。

3）使用"多边形工具"，设置多边形边数为"3"，绘制一个三角形。设置属性样中三角形长为45mm，宽为40mm，并为其填充"黑色"，效果如图1-66所示。使用同样方法绘制小三角形，长为11mm，宽为10mm，并为其设置轮廓线为"白色"。使用<Ctrl+D>组合键使用"再制"命令将小三角形进行复制，排列效果如图1-67所示。

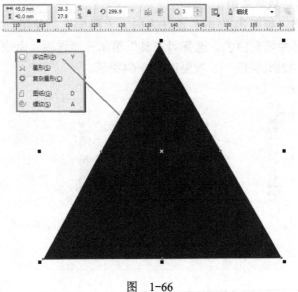

图 1-66

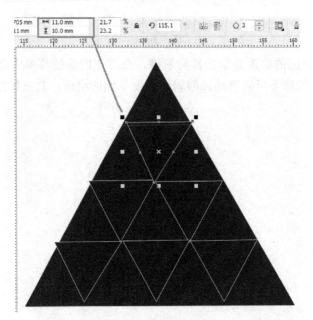

图 1-67

4）使用"圆"工具绘制圆形跳棋位置图，设置属性栏中长、宽均为9mm，边框为"黑色"，内部填充"白色"。使用<Ctrl+D>组合键使用"再制"命令将圆形复制，效果如图1-68所示。

5）图形排列对齐。在标尺上方拖动鼠标，调出参考线。选择两个或两个以上图形后，可按<B>键将图形底部对齐。也可以在属性栏中打开"对齐与分布"对话框进行设置，将图形进行对齐排列，效果如图1-69所示。

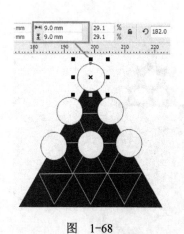

图 1-68

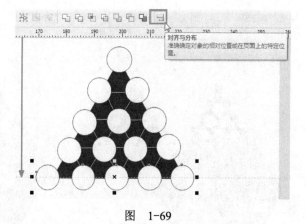

图 1-69

　使两个或两个以上图形对齐，可以在图形被选中后再按<T>键（顶对齐）、<B>键（底对齐）、<L>键（左对齐）、<R>键（右对齐）、<C>键（水平居中对齐）、<E>键（垂直居中对齐）进行快速对齐图形。

6）复制绘制完成的图形，单独选择图形底面"三角"为其调换填充颜色，效果如图1-70和图1-71所示。

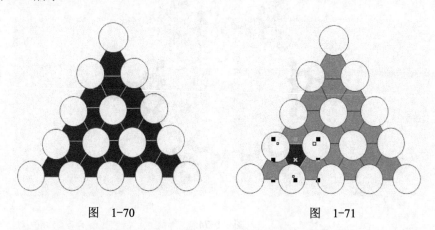

图 1-70　　　　　　　　　　　　　图 1-71

7）选择每个单位内的图形，按<Ctrl+G>组合键进行组合。使用"多边形工具"绘制一个正多边形，多边形的边长要与已经组合完成的图形底边边长相等，效果如图1-72和图1-73所示。

　群组对象：分组两个或多个对象后，这些对象将被视为一个单位，但它们会保持其各自的属性。分组使用户可以对群组内的所有对象同时应用相同的格式、属性以及其他更改。此外，分组还有助于防止对象相对于其他对象的位置被意外更改。还可以通过将现有群组分到一组来创建嵌套群组。可以将对象添加到群组，从群组中移除对象以及删除群组中的对象，还可以编辑群组中的单个对象，而无须取消对象群组。如果要同时编辑群组中的多个对象，则必须先取消对象群组。如果群组中包含嵌套群组，则可以同时取消嵌套群组中所有对象的群组。

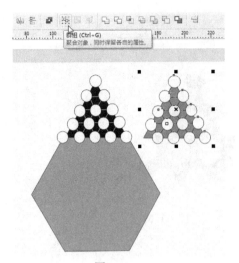

图 1-72

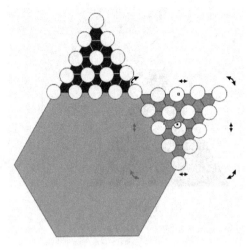

图 1-73

8）接着创建棋盘中心效果。使用"圆"和"手绘工具"创建棋盘中心图形，使用软件中的"对齐"功能使图形中的各个部分都对齐在相应的边线上，效果如图1-74所示。

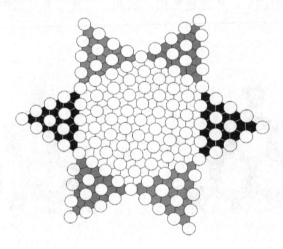

图 1-74

提示

移动或绘制对象时，可以将它与绘图中的另一个对象贴齐。可以将一个对象与目标对象中的多个贴齐点贴齐。当移动光标接近贴齐点时，贴齐点将突出显示，表示该贴齐点是光标要贴齐的目标。要更精确地将一个对象与另一个对象贴齐，则先将光标与对象中的贴齐点贴齐，然后将对象与目标对象中的对齐点对齐。例如，可以将光标与矩形的中心贴齐，然后拖动矩形的中心使其与另一矩形的中心贴齐。

↘ 任务分析

好的作品离不开文字的点缀，CorelDRAW软件中文字的输入有两种，一种为美术字，另一种为段落文本。美术字为独立的个体，可以使用"形状工具"来修改它的外形、字距等。在修改过程中可以配合快捷键使用，按<Ctrl+Q>组合键转换为曲线编辑。

3. 创建文字说明及棋路示意图

↘ 任务实施

1）使用"文字工具"输入文字"跳棋"，设置字体为"华文彩云"。按<F10>键使用"造形工具"调整文字字符间距，使用"艺术笔工具"创建文字下方标题，效果如图1-75所示。

图　1-75

>
> 用户可以向绘图添加两种类型的文本——美术字和段落文本。段落文本（又称为块文本）可用于对格式要求更高的较大篇幅的文本。添加段落文本时，首先必须创建文本框。默认情况下，无论段落文本框中添加了多少文本，其大小都将保持不变。任何超过文本框右下方边框的文本将被隐藏并变为红色，直到放大文本框或将它链接到另一个文本框。用户可以通过自动调整磅值使文本完美地适合文本框，还可以在输入文本时自动扩大或缩小文本框使文本完美地适合文本框。用户可以在图形对象中插入段落文本框。这样将对象作为文本的容器，且用作文本框的不同形状的数量会增加。用户还可以将文本和对象分隔开来，这样可以单独移动或修改每个对象且文本形状保持不变。

2）使用"文字工具"拖动绘制一个文本框，输入说明文字内容，设置相关字体及文字颜色、文字大小等属性，效果如图1-76所示。使用"圆"和"钢笔工具"绘制出图示，选择"钢笔工具"绘制出曲线后，可以根据图示需要在属性栏设计曲线一端的"箭头样式"，效果如图1-77所示。

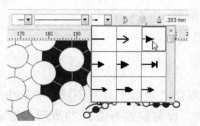

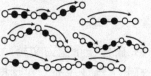

图　1-76　　　　　　　　　　　　　　　　图　1-77

提示	使用"钢笔工具"可以绘制直线，也可以绘制曲线。绘制过程中按<Alt>键可编辑路径段，进行节点转换、移动和调整节点等操作；释放<Alt>键可以继续进行绘制，要结束绘制，可按<Esc>键单击"钢笔工具"；要闭合路径，将光标移动到起始点，单击即可闭合路径。

3）将图中的其他文字说明和图补充完整，并进行装饰整理，最终完成效果如图1-63所示。

任务4　设计展板类广告

任务情境

广告展板经表面覆膜而成，具有挺括、轻盈、平整、不易变形的特点，经济实用，有保温、防潮、隔音等功能。展览器材：X展架、易拉宝、拉网展架、促销台、人像立牌、桁架、展览工程、背景布展及广告工程、活动布置等。

1. 作品展示

最终效果图如图1-78所示。

绿色：C=40、M=0、Y=40、K=0

图　1-78

任务分析

展板广告是户外广告媒体中比较重要的一种形式，它瑰丽的色彩、奇异的造型瞬间就能引人注目，因此可以取得很好的宣传效果。图1-78所示为索科科技有限公司大厅中摆放的SOK-720手机平面和立面展示图。

2. 创建展板二维平面效果图

任务实施

1）新建一个空白文档，双击"矩形工具"创建一个150mm×240mm的矩形。按<F11>键，打开"渐变填充"对话框，设置参数为图1-79所示，给矩形内部填充颜色，轮廓颜色为"无"。

2）选择"文字工具"输入索科公司英文标志"SOK"，内部填充为"白色"，轮廓颜色为"无"并设置字体样式为"Arial"。效果如图1-80所示。

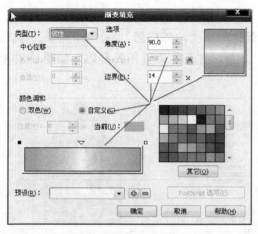

图　1-79　　　　　　　　　　　　　　　　图　1-80

提示

　　渐变填充是给对象增加深度感的两种或更多种颜色的平滑渐进。渐变填充也称为倾斜度填充。渐变填充包含4种类型：线性渐变、辐射渐变、锥形渐变和方形渐变。线性渐变填充沿着对象作直线流动；锥形渐变填充产生光线落在圆锥上的效果；辐射渐变填充是从对象中心向外辐射；而方形渐变填充则以同心方形的形式从对象中心向外扩散。

3）选择"艺术笔工具"，设置属性栏"艺术笔工具宽度"为67.4mm，拖动绘制一个椭圆形图案。选择"矩形工具"拖动绘制一个131mm×179mm的矩形，内部填充为"白色"，轮廓为"无"。按<Alt+F3>组合键调出"透镜"泊坞窗口，设置相关参数。效果如图1-81和图1-82所示。

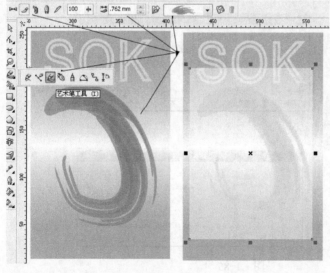

图　1-81　　　　　　　　　　　　　　　　图　1-82

45

4）选择"文件"→"导入"→"素材"→"户外广告"→"2"导入手机图片，单击属性栏中的"位图颜色遮罩泊坞窗口"命令，打开并设置相关参数，如图1-83所示。去除图片白色背景效果，如图1-84所示。

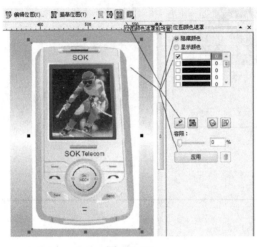 

图　1-83　　　　　　　　　图　1-84

5）选择"位图"→"三维效果"→"透视"设置"透视"效果。再一次选择"位图"→"三维效果"→"透视"设置"切变"效果。效果如图1-85所示。

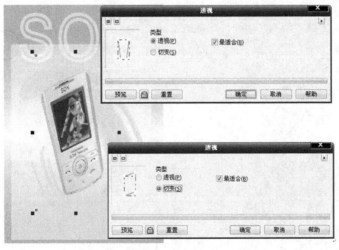

图　1-85

6）选择"艺术笔工具"设置属性栏"艺术笔工具宽度"为14.4mm，拖动绘制一个椭圆形图案，围绕在手机下方，象征动力。"文字工具"为展板添加文字说明，注意修改文字字体、字号大小、颜色及位置关系，效果如图1-86所示。

图 1-86

任务分析

一般做宣传广告的展板主要分为：

①KT板：最常用的一种，厚度在5～8mm，压展板为KT板的一种，质量较好。造价低，较轻较脆，挂墙较合适，怕挤压。

②雪伏板：又称PVC发泡板和安迪板，以聚氯乙烯（PVC）为主要原料。质地很坚硬，可长期放置，厚度有2～10mm不同的规格，做展板用较薄的即可。

③铝板、铝塑板等：可根据摆放地点的特殊性选择其他平面材质。

④高密度板：一种常用的无框画，也称为拉米娜，厚度在9～12mm，一体成型，做工精细，清晰度高，立体感强，档次高，画质细腻，色彩丰富，防水防潮，易于安装，经久耐用，长时间使用不变形、不掉色。它的制作尺寸可定制，优于传统常用展板，适用领域极其广泛，也多用于高档场合（如博物馆、陈列室、会议室、展厅等各行业）。

⑤亚克力：也就是有机玻璃，主要由两块具有一定厚度的亚克力组合成，适用于各种场合，相对成本较高，其透明性好、不易碎、易于加工、外观精美、表面光泽度强，也称为水晶相框。

根据以上展板的分类，在制作展板三维立体效果图时应合理选用工具达到我们所要体现的效果。

3. 创建展板三维立体效果图

任务实施

1）使用"挑选工具"选择背景矩形，按<Ctrl+D>组合键再复制一个副本。选择"立体化工具"设置属性栏"深度"为4，修改立体化方向、颜色、斜角修饰边等参数，效果如图1-87所示。

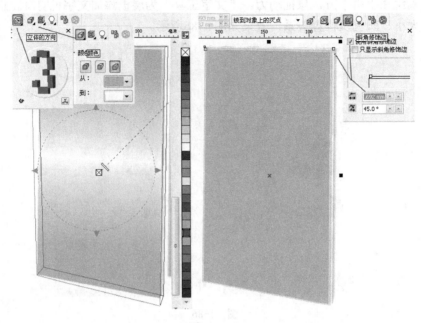

图　1-87

2）将平面图所有对象全部使用"群组"命令进行组合，复制一个副本。选择副本图形，单击"位图"→"转换为位图"将所有对象转换成位图。选择"位图"→"三维效果"→"透视"设置"切变"样式然后使用。选择"挑选工具"将平面图移动到立体展板上，同时可以利用"形状工具"适当调整透视的角度，如图1-88所示。

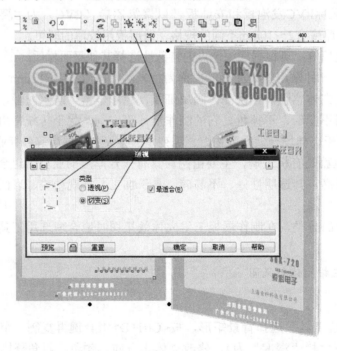

图　1-88

项目小结

通过对本项目的学习，使学生了解什么是广告、广告的作用及意义，掌握各类广告的设计要素。使用CorelDRAW X5软件创建各种图形并对其进行着色、排列、变形、特殊效果的设置等操作，使学生顺利地进入CorelDRAW X5的设计殿堂。

拓展作业

试用所学知识点和对广告类设计作品的理解，创作以下作品，所需素材见电子资源包，如图1-89和图1-90所示。折页类广告要注意"投影工具"的使用，投影方向及折叠位置、大小、尺寸等。

图 1-89

图 1-90

项目 2
设计卡片

➘ **任务情境**

卡片的产生主要是为了交往或传达相关信息。过去由于经济与交通均不发达,人们交往面不太广,对卡片的需求量不大。随着中国改革开放,人口流动加快,人与人之间的交往增多,使用各种卡片传递信息也开始增多。特别是近几年经济发展较快,信息开始发达,用于商业活动的名片、各种VIP卡、会员卡等成为市场的主流。

作品展示

效果如图2-1所示。

图 2-1

　　现代社会，名片的使用相当普遍，分类也比较多。常见的主要有两种版式：横版、纵版。横版：90mm×55mm（方角）、85mm×54mm（圆角）；竖版：50mm×90mm（方角）、54mm×85mm（圆角）；方版：90mm×90mm、90mm×95mm。图2-1是"沈阳银河电脑工作室技术负责人赵奇先生"的名片，属商业名片类。商业名片是为公司或企业进行业务活动中使用的名片，名片使用大多以营利为目的。商业名片的主要特点为：名片常使用标志、注册商标，印有企业业务范围，大公司有统一的名片印刷格式，使用较高档纸张，名片没有私人家庭信息，主要用于商业活动。

▶ 任务实施

　　1）选择"矩形工具"分别创建3个矩形，尺寸分别为：90mm×55mm、90mm×6mm、90mm×1.5mm。转换为"挑选工具"将3个矩形分别填充颜色（色值如图2-1所示），移动到适当位置。效果如图2-2所示。

　　2）绘制单位标识。选择"矩形工具"按<Ctrl>键拖动绘制一个13.5mm×13.5mm的正方形，并填充颜色。选择"手绘工具"按<Ctrl>键在正方形的内部分别绘制水平和垂直平分线，线宽0.25mm。选择"文字工具"输入"银河电脑"4个字，设置字体，调整大小及位置（建议将标识的各部分使用"对象群组"命令进行组合，便于以后操作）。效果如图2-3所示。

图　2-2

图　2-3

提示　　除使用"文字工具"外，按<空格>键可在当前使用工具和挑选工具之间进行转换。

　　3）将制作好的标识移动到适当位置，选择"手绘工具"绘制出一条长90mm的直线，线宽为0.18mm，轮廓颜色为"30%黑"。按<Ctrl+D>组合键再绘制出8条，进行组合后置于标识下方。选择"文字工具"单击输入单位名称，设置字体、字号大小、颜色。效果如图2-4所示。

图　2-4

4）选择"文字工具"输入姓名、职务、地址、联系方式、服务理念等信息并适当排版。利用"形状工具"可以调整字符间距、行距及单个文字的位置。效果如图2-5所示。

图 2-5

5）再绘制一个90mm×55mm的矩形，选择"文字工具"输入业务范围等相关信息。调整文字字体、字号大小，选择"挑选工具"按<Shift>键单击矩形，使文字与矩形都处于选取状态。按<E>和<C>键使文字与矩形水平、垂直方向都居中。效果如图2-1所示。

任务2 设计艺术类名片

任务情境

艺术类名片主要特点体现在它是一件可鉴赏、可交流、可长期收藏的珍贵艺术品。名片作为一个人、一种职业的独立媒体，在设计上要讲究其艺术性。但它同艺术作品有明显的区别，它不像其他艺术作品那样具有很高的审美价值，可以去欣赏、玩味。它在大多情况下不会引起人的专注和追求，而是便于记忆，具有更强的识别性，让人在最短的时间内获得所需要的信息。因此，名片设计必须做到文字简明扼要，字体层次分明，强调设计意识，艺术风格要新颖。

作品展示

效果如图2-6所示。

图 2-6

📐 任务分析

该款名片所有人所从事的行业为礼仪庆典，在选色上考虑到颜色的色彩意义，选择了暖色系中的紫红色与橙黄色，版面底图选择不规则的韵律图案，整体给人以欢快之感，对比明显。

📐 任务实施

1）使用"矩形工具"分别创建两个矩形，尺寸分别为90mm×55mm、20mm×90mm，并将较小的矩形填充紫红色：C=20、M=80、Y=0、K=20，轮廓颜色为"无"，如图2-7所示。

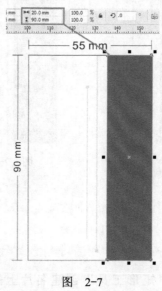

图 2-7

2）选择"钢笔工具"创建底纹图案轮廓，在绘制过程中按<F10>键使用"造型工具"，调整图形的外观。按<Ctrl+D>组合键将绘制完成的底纹图案再绘制一个，将其变换大小，效果如图2-8所示。

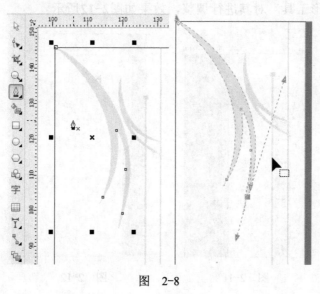

图 2-8

3）使用"镜像工具"将图案进行适当调整，使用"文字工具"输入名片所有人名称及职位名称，设置文字字体、字号大小等属性参数。使用"矩形工具"创建文字旁底图，为其填充"橙黄色"，C=0、M=60、Y=100、K=0，效果如图2-9和图2-10所示。

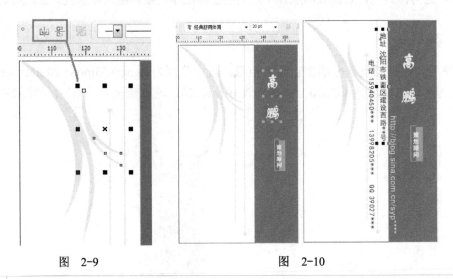

图 2-9   图 2-10

> 提示
>
> 曲线对象具有节点和控制手柄，它们可用于更改对象的形状。曲线对象可以为任何形状，包括直线或曲线。对象节点为沿对象轮廓显示的小方形。两个节点之间的线条称为线段。线段可以是曲线或直线。对于连接到节点的每个曲线线段，每个节点都有一个控制手柄。控制手柄有助于调整线段的曲度。

4）使用"文字工具"和"矩形工具"创建名片上的其余文字内容和底纹，效果如图2-11所示。选择名片外轮廓矩形及底纹图案，按<Ctrl+D>组合键使用"再制"命令将其复制新的图形，并将底纹图案进行调整。使用"矩形工具"创建一个新矩形20mm×90mm，按<Ctrl+Q>键使用"转换曲线"命令将该矩形转换为曲线图形，按<F10>键使用"造形工具"对其进行调整，效果如图2-12所示。

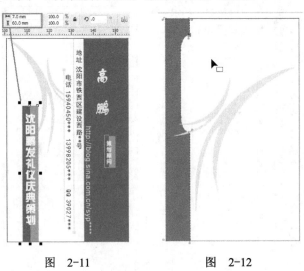

图 2-11   图 2-12

5）在绘制名片的过程中，可以按<Ctrl+PgUp>组合键来调整图形的位置关系。使用"文字工具"添加"业务范围"等名片背面的文字信息，按<F10>键使用"造形工具"调整文字间距，最终完成效果如图2-13和图2-14所示。

图 2-13

图 2-14

使用节点类型可以将曲线对象上的节点更改为下列4种类型之一：尖突、平滑、对称或线条。每个节点类型的控制手柄的行为各不相同。尖突节点可用于在曲线对象中创建尖锐的过渡点，例如拐角或尖角，可以相互独立地在尖突节点中移动控制手柄，而且只更改节点一端的线条。使用平滑节点时，穿过节点的线条沿袭了曲线的形状，从而在线段之间产生平滑的过渡。平滑节点中的控制手柄相互之间总是完全相反的，但它们与节点的距离可能不同。对称节点类似于平滑节点，它们在线段之间创建平滑的过渡，但节点两端的线条呈现相同的曲线外观。对称节点的控制手柄相互之间是完全相反的，并且与节点间的距离相等。线条节点可用于通过改变曲线对象线段的形状来为对象造形，不能拉直曲线线段，也不能弯曲直线线段。弯曲直线线段不会显著地更改线段外观，但会显示可用于移动以更改线段形状的控制手柄。

任务3 设计参观券

参观券是参观展览或参观名胜古迹时，用来表示已付参观费的凭证和留作纪念的纸片。在设计过程中首要考虑的是参观券的名称，如"故宫博物院""武陵源游览券"等，以及相应的图饰，它往往占据券面的大部分面积，其次是票价和有关注明等。总体形式是以图为主，以文为辅。券有正反两面，以正面为主，有的在反面印有导游图，或印有相关要求乃至广告等。为了方便各种类型的参观者，有些券面还附加了英文或其他文字。关于券面的尺寸大小、构成的形式、内容等应该有所规定，有的必须严格，如券面总体尺寸长宽各多少，其中存根留多少，副券占多少，或者只要求设计正券券面，其余略去。至于构图形式是横是竖，选取什么图饰内容和表现手法等，则可宽泛、灵活一些。

作品展示

效果图如图2-15所示。

图 2-15

◢ 任务分析

参观券的组成。主体图案的多种表现形式：摄影、绘画、电脑合成，文字的主次、大小、字体的变化、统一，色彩的主、辅，主券、副券、存根的比例，票面的纵横等。结合生活中的展览，设计实用、美观、新颖的参观券。

◢ 任务实施

1）使用"矩形工具"分别绘制180mm×65mm和140mm×70mm的矩形，为第二个小矩形设置填充颜色C=48、M=100、Y=100、K=23，效果如图2-16和图2-17所示。

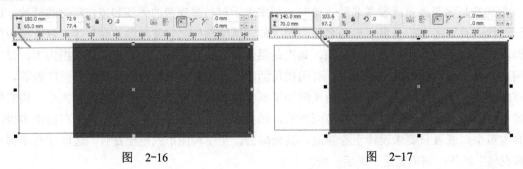

图 2-16   图 2-17

2）选择"文本"→"插入符号字符"命令或按<Ctrl+F11>组合键打开字符窗口，设计"字体"为"Webdings"项，将卫星的符号图标拖动到绘图区中，右击颜色条中的"灰色"，为符号添加浅灰色的轮廓效果，完成效果如图2-18所示。

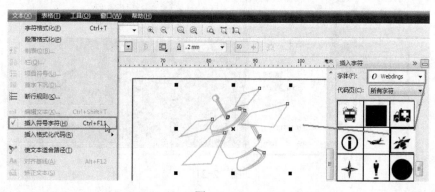

图 2-18

提示

在输入文字时如需插入一些特殊字符，则可执行"文本"→"插入符号字符"命令或按<Ctrl+F11>组合键。

3）使用"文字工具"输入参观券的标题内容及编号等文字信息，为不同区域的文字设置不同的字体、字号、颜色等效果，完成效果如图2-19所示。

图 2-19

4）使用"矩形工具"绘制一个70mm×6mm的矩形，并填充"黑色"作为文字底纹。使用"文字工具"输入标题文字，效果如图2-20所示。

图 2-20

5）创建参观券正面底纹文字效果。使用"文字工具"输入"TUNNEL"，设置文字字体及字号大小，添加文字颜色R=159、G=62、B=53，效果如图2-21所示。

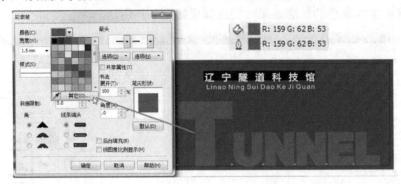

图 2-21

6）使用"文字工具"添加其余部分文字内容，在输入多行文字时可使用属性栏中的"文字对齐"来调整段落文字的对齐方式，完成效果如图2-22所示。

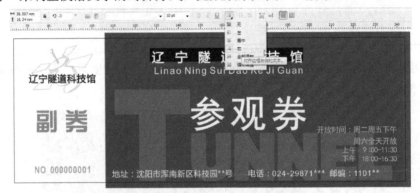

图 2-22

7）按<F10>键使用"造形工具"可以调整文字字符间距，完成文字输入，效果如图2-23所示。

图 2-23

8）创建参观券背面效果图。按<Ctrl+D>组合键使用"再制"命令将正面矩形轮廓复制，使用"手绘工具"按<Ctrl>键绘制直线，该直线用于分割副券的边线，并为其设置线型为"虚线"。效果如图2-24所示。

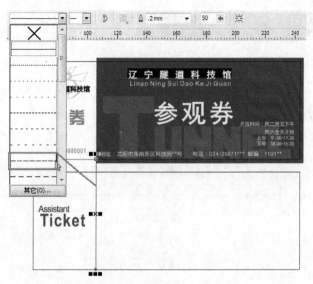

图 2-24

9）使用"矩形工具"创建110mm×10mm矩形，并为其填充颜色C=48、M=100、Y=100、K=23。使用"文字工具"输入相关英文内容，调整字体、字号及颜色，效果如图2-25所示。

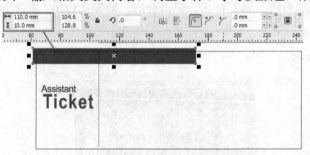

图 2-25

10）使用"箭头形状工具"绘制左向箭头符号，并为其填充"浅灰色"作为背面底纹，效果如图2-26所示。

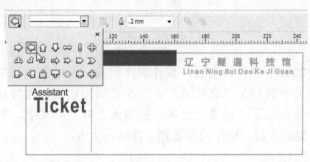

图 2-26

11）使用"文字工具"拖动鼠标绘制出文字框，输入参观券使用要求内容，按<F10>键使用"造型工具"可以调整字符间距及行距。建议为文字设置浅灰色以突出主体内容，使其更有层次感，最终效果如图2-27所示。

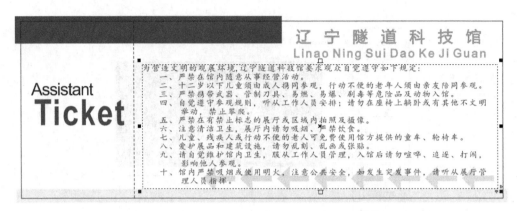

图 2-27

任务4 设计台历

任务情境

台历（Desk Calendar）原意指放在桌子上的日历，包括桌面台历和电子台历，主要品种有各种商务台历、纸架台历、水晶台历、记事台历、便签式台历、礼品台历、个性台历等。

作品展示

效果如图2-28所示。

图 2-28

任务分析

本任务以"恭贺2008新春"为主题，设计制作而成。图中主色调为"深蓝色"，给人以庄严、稳重之感。文字选择了"亮红色"，与左右插图相配，除醒目外更是添加了不少喜庆气氛。台历左下方添加了"乘奥运之风，圆国人之梦"的文字，更是说明了"2008新春"的不平凡之处，突出主题。整体构图新颖、简洁、大方。

任务实施

1）选择"矩形工具"绘制一个台历正面，尺寸为130mm×90mm，填充内部颜色C=100、M=100、Y=0、K=0，轮廓"无"。按<空格>键转成"挑选工具"将其水平倾斜。效果如图2-29所示。

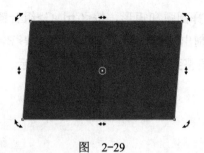

图 2-29

2）选择"折线工具"绘制出台历侧面轮廓外形，最终曲线为闭合。选择"形状工具"调整曲线上的节点，使曲线的倾斜方向与台历正面相协调，如图2-30所示。

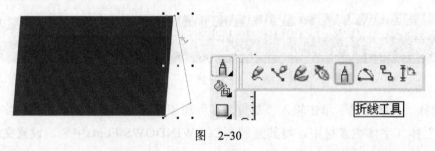

图 2-30

3）选择"交互式填充工具"在绘制好的曲线上拖动，分别设置起始颜色和终止颜色，如图2-31所示。

图 2-31

4）选择"椭圆工具"按<Ctrl>键拖动绘制正圆，单击属性栏中的"弧形"模式。设置线宽为0.5mm，按<Ctrl+D>组合键再绘制一个圆弧。选择"矩形工具"在圆弧下方绘制3.5mm×2.5mm，内部填充"白色"、3mm×2mm内部填充"30%黑色"的两个矩形。注意用"排列"→"顺序"命令调整圆弧与矩形之间上下位置关系。效果如图2-32～图2-34所示。

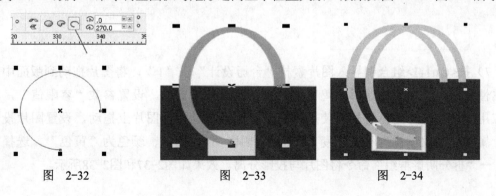

图 2-32   图 2-33   图 2-34

5）使用"挑选工具"选择圆弧和矩形，按<Ctrl+G>组合键使用"群组"命令组合到一起，按<Ctrl+D>组合键再绘制出28组铁环。全部选择后按<B>键底对齐，按<Ctrl+G>快捷键再次使用"群组"命令并调整到适当位置，如图2-35所示。

> 提示　　群组操作可以不受限制地多次使用，若需要取消群组，则执行"对象"→"取消群组"命令。如果是多次嵌套群组可以执行"对象"→"取消全部群组"命令；也可以将取消群组的过程重复执行，直到全部取消为止。

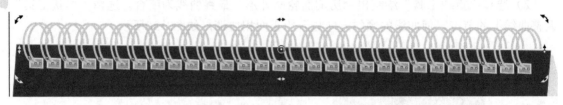

图　2-35

6）选择"文字工具"单击输入"恭贺新喜"和年份，注意本实例中应用的字体为"创艺繁综艺"体（字体在素材中，将其复制到C：\WINDOWS\Fonts中），设置文字颜色为"白色"，按<Ctrl+D>快捷键再绘制一个副本，设置文字颜色为C=0、M=100、Y=100、K=0，移动到适当位置，如图2-36所示。

图　2-36

> 提示　　组合对象被拆分后，可以修改特定的组建对象而不改变其他对象，还可以使用"拆分"命令拆分美术字。

7）按<Ctrl+I>组合键导入图片素材"台历设计"→"1"，将图片拖动到版面中。单击属性栏中"位图颜色遮罩泊坞窗口"打开遮罩泊坞窗口。设置参数"容限值"，单击"应用"去除图片白色背景。使用"交互式阴影工具"在图片上拖动，设置图片投影效果。属性栏参数设置为不透明度"100"、阴影羽化"8"、颜色为"黄色"。选择"排列"→"拆分阴影群组"命令将图片与投影分离。效果如图2-37和图2-38所示。

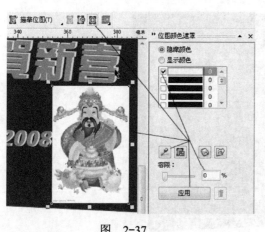

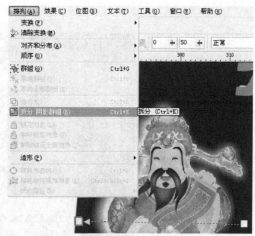

图 2-37

图 2-38

提示　在设置图框精确裁剪的过程中，如果对设置效果不满意，可以利用"对象"→"精确裁剪"→"编辑内容"命令，调整对象的位置与大小；也可以给对象设置一些特殊效果。

8）选择"挑选工具"将投影适当放大些，再与图片组合到一起并适当调整水平方向上的倾斜程度。按<Ctrl+D>快捷键再绘制出一个副本，单击属性栏中的"水平镜像"移动到适当位置，如图2-39和图2-40所示。

图 2-39

图 2-40

提示　拆分操作就是将一个组合对象拆分成几个组合对象，还可以将分离后的对象重新结合在一起，组成新的对象，可以按<Ctrl+K>组合键完成。

9）选择"椭圆工具"绘制一个椭圆形，内容填充颜色为C=60、M=50、Y=10、K=0，无轮廓。选择"交互式变形工具"，单击椭圆形并拖动。设置属性栏相关参数：扭曲变形、逆时针旋转、附加角度=311°。效果如图2-41所示。

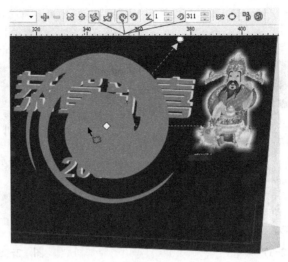

图 2-41

10）选择"手绘工具"在台历正面右下方绘制一条折线，设置线宽为"0.35mm"；线形为"虚线"；起始箭头样式和终止箭头样式。选择"文字工具"输入标语"乘奥运之风、圆国人之梦"，设置字体、字号大小、颜色为"白色"。全部选择加入群组后适当调整透视角度。最终效果如图2-42所示。

图 2-42

提示 通过"轮廓笔"对话框（按<F12>键可以调出）可以设置对象的轮廓颜色、宽度、样式以及线条端头等参数，该操作与在属性栏中设置相关参数的效果一致。

项目小结

通过对本项目的学习，使学生掌握各种类别的卡片设计过程。学生可以进一步了解CorelDRAW X5新增的绘图工具。掌握特殊折线、曲线段的绘制方法，对象的组织排列方法，并能够对对象进行群组、合并和对齐等操作，如图2-43和图2-44所示。

图 2-43

图 2-44

拓展作业

　　收集一些生活中常见的各类会员卡、VIP卡、银行卡等，仔细观察对比，找出设计理念，模仿设计制作。根据本项目所讲内容设计创作本项目中的其余几款风格的名片。这里需要提示的是：绘制曲线时，只有闭合的曲线才可以填充颜色；"形状工具"可以调整曲线上的各种节点，编辑曲线的形状、方向等。

项目 3
设计服装

↘ **任务情境**

　　由于服装是日常生活的必需品，因此服装设计是一门实用艺术。在生活中细心观察和揣摩就可以学会不少知识。作为一个服装设计师首先要学会设计产品样稿。目前主要使用的软件中以CorelDRAW软件最为普遍。

　　1. 作品展示

　　效果图如图3-1所示。

图　3-1

根据各个行业性质的不同，企业单位的服装要求也不同。图3-1是以服务行业女款服装为例，分别为长袖白衬衫、短袖白衬衫、马夹、短裙、外套共5个部分。整体造型美观、简洁、大方以突出行业特点。

任务实施

2. 创建长袖衬衫套装

1）选择"图纸工具"设置属性栏为8行4列，拖动绘制一个88mm×135mm的网格。设置轮廓颜色为"30%黑色"，选择"排列"→"锁定对象"命令。使用"折线工具"以网格的中心线为起始点向左绘制衣领（线条为闭合的），按<Ctrl+D>快捷键再绘制一个副本，选择属性栏"水平镜像"移动到右侧，绘制一条直线移动至顶端，按<Enter>键可结束绘制。线宽为0.25mm，如图3-2所示。

2）选择"折线工具"并在衣领的下方绘制出领结，线段也是闭合的。将整个衣领都填充为"白色"，如图3-3所示。

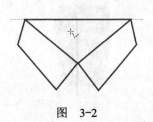

图 3-2

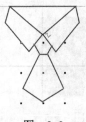

图 3-3

提示

对象镜像有两种方式，分别是"水平镜像"与"垂直镜像"。其中水平镜像可以使对象从左到右或从右到左反转；垂直镜像可以使对象从上到下或从下到上翻转。

3）使用"贝赛尔工具"从衣领左上角处向下绘制出上衣的一半，注意衣身弯曲方向（返回到起始点线条为闭合的），填充为"白色"，"再制"并"水平镜像"将一个副本移动到右侧。在上衣的最下方绘制一个"三角形"代表上衣口，填充为"黑色"，如图3-4所示。

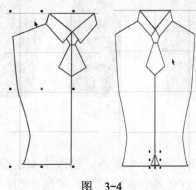

图 3-4

4）使用"贝赛尔工具"沿上衣的下端绘制短裙，线条闭合后填充为"黑色"，选择"排列"→"顺序"命令来调整位置关系。再沿上衣的左侧绘制出衣袖部分轮廓，曲线闭合后填充为"白色"，置于上衣下方。效果如图3-5所示。

5）将绘制好的衣袖绘制一个副本镜像到上衣的右侧，选择"椭圆工具"绘制3个圆形作为衣扣，如图3-6所示。

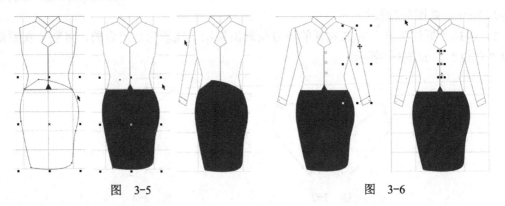

图　3-5　　　　　　　　　　　　　　　　图　3-6

3. 创建短袖衬衫套装

选择"挑选工具"将上衣除衣袖外填充颜色C=30、M=100、Y=0、K=0；这样长袖白衬衫、马夹和短裙就完成了。"再制"一个副本，使用"挑选工具"选择一个长袖后，按<F10>键转成"形状工具"将长袖白衬衫调整为短袖白衬衫。效果如图3-7所示。

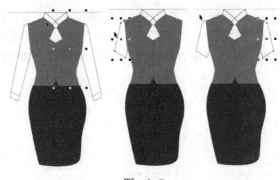

图　3-7

4. 创建外套

将第一个长袖春秋装"再制"出一个副本，修改上衣的颜色为"黑色"，将代表衣扣的3个圆形轮廓改为"白色"。这样外套就完成了，效果如图3-8所示。

图 3-8

提示

上衣的颜色可根据需要选择填充，最后使用"文字工具"输入说明。

任务2 设计男款职业装

◤ 任务情境

职业装给人的感觉就是单调乏味，毫无新意可言。假如职业装可以随工作性质、工作环境的变化而使颜色亮丽一点，那么上班也会有一个好心情。

1. 作品展示

效果如图3-9所示。

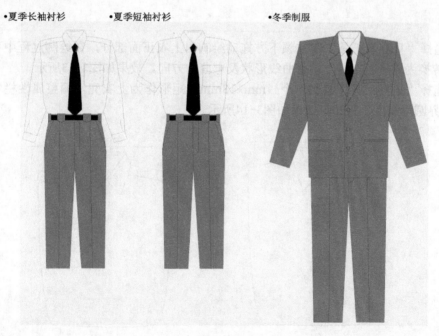

•夏季长袖衬衫　　•夏季短袖衬衫　　　　•冬季制服

图 3-9

本任务是服务行业男款服装，分别为长袖白衬衫、短袖白衬衫、领带、皮带、西服裤、西服外套共6个部分。整体造型美观、简洁、大方，突出行业特点。

↳任务实施

2. 创建长袖衬衫及领带

1）选择"图纸工具"设置属性栏9行4列，拖动绘制一个83mm×174mm的网格。设置轮廓颜色为"30%黑色"，选择"排列"→"锁定对象"命令。使用"贝赛尔工具"拖动绘制出左侧衣领部分，效果如图3-10所示。

2）按<Ctrl+D>组合键绘制出一个副本，单击属性栏中"水平镜像"命令得到右侧衣领部分，移动到适当位置。全部选择按<T>键顶对齐。效果如图3-11所示。

3）选择"贝赛尔工具"绘制两条线段作为衣领的连接线，效果如图3-12所示。

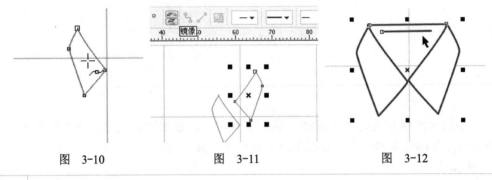

| 图 3-10 | 图 3-11 | 图 3-12 |

提示　在使用"贝赛尔工具"时按<空格>键转换成"挑选工具"结束绘制，再次按<空格>键将转回"贝赛尔工具"可继续绘制。

4）选择"贝赛尔工具"在衣领下方拖动绘制出上衣正面部分，在绘制过程中可随时按<F10>键转换为"形状工具"调整曲线形状及弯曲的方向。效果如图3-13所示。

5）选择"矩形工具"绘制一个11mm×13mm的矩形作为上衣兜，调整属性栏中"右边矩形的边界圆滑程度"为20。效果如图3-14所示。

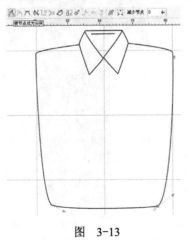
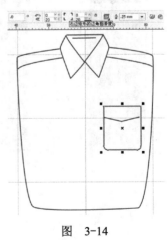

| 图 3-13 | 图 3-14 |

6）选择"贝赛尔工具"绘制衣兜的折边，曲线为开放的，按<空格>键结束绘制及工具转换。再次利用"贝赛尔工具"沿衣领部分绘制出领带，曲线为闭合的。将领带填充为"黑色"，置于衣领下方。效果如图3-15和图3-16所示。

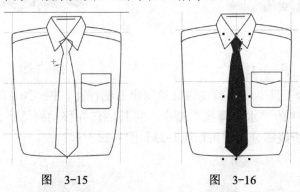

图　3-15　　　　　　　图　3-16

7）选择"贝赛尔工具"沿上衣正面左侧绘制出衣袖，随时按<F10>键调整节点，改变曲线的方向及弯曲程度。按<Ctrl+D>组合键再绘制出一个副本，单击属性栏"水平镜像"命令得到另一衣袖并移动到适当位置，效果如图3-17和图3-18所示。

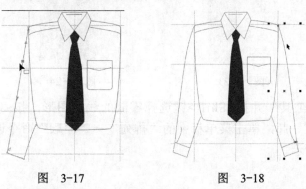

图　3-17　　　　　　　图　3-18

> 提示
>
> "贝赛尔工具"允许按节点依次绘制曲线或直线。在使用"贝赛尔工具"绘制对象的过程中，节点与光标之间会出现一条蓝色的虚线，且向相反方向延长，这是经过曲线节点的切线，该切线并不属于要画曲线的一部分，只是用来表明曲线的弯曲程度。

3. 创建皮带及长裤

1）选择"贝赛尔工具"在上衣下端的左侧绘制出两个裤袋，填充颜色为"红色"，值为C=0、M=100、Y=100、K=0。选择群组，按<Ctrl+D>组合键再绘制出一个副本移动到右侧，并组合到一起。效果如图3-19和图3-20所示。

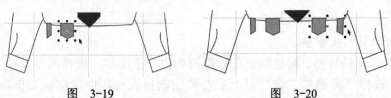

图　3-19　　　　　　　图　3-20

2）选择"矩形工具"绘制出一个30mm×3mm的矩形作为皮带，填充为"黑色"。选择"排列"→"顺序"命令将其置于裤袋的下方，效果如图3-21和图3-22所示。

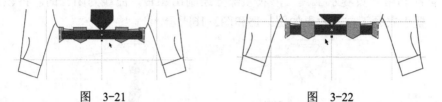

图 3-21　　　　　　　　　　　图 3-22

3）选择"贝赛尔工具"在靠近皮带处绘制出右侧裤腿，按<Ctrl+D>组合键再绘制出一个副本。单击属性栏中的"水平镜像"命令，将其翻转并移动到适当位置。利用"贝赛尔工具"绘制出裤线及折线部分。效果如图3-23和图3-24所示。

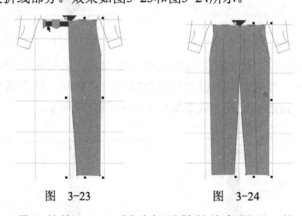

图 3-23　　　　　　　　　　　图 3-24

4）选择"挑选工具"并按<Shift>键选择零散的线条图形，按<Ctrl+G>组合键使用"群组"命令组合在一起，单击菜单栏中的"排列"→"序顺"命令调整层次关系。效果如图3-25和图3-26所示。

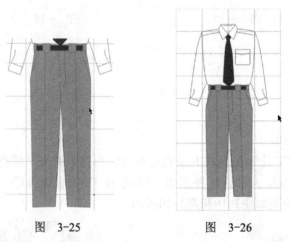

图 3-25　　　　　　　　　　　图 3-26

4. 创建短袖衬衫及外套

1）开始绘制短袖衬衫。将绘制好的衣服再制出一个副本，选择两个长袖并按<Delete>键将其删除。选择"贝赛尔工具"沿上衣左侧绘制短衣袖，曲线样式如图3-27所示。将线条组合在一起再制出一个副本，单击属性栏中的"水平镜像"命令翻转至右侧。效果如图3-28所示。

图 3-27

图 3-28

2）开始绘制外套。选择"贝赛尔工具"沿上衣衣领位置绘制外衣轮廓，注意曲线的弯曲方向（随时可以转换"形状工具"进行调整），保持左右对称。在衣领的左侧绘制出外套的外领轮廓（要保证曲线是闭合的，否则不能填充颜色）。使用"挑选工具"选择上下两个外领后按<Ctrl+D>组合键再制出一个副本移动到右侧。选择"形状工具"调整右侧下端的外领要长于左侧的外领。效果如图3-29～图3-32所示。

图 3-29

图 3-30

图 3-31

图 3-32

3）选择绘制好的外套填充为"蓝色"，C=70、M=40、Y=0、K=0，并将其置于白衬衫上方。选择"橡皮擦工具"设置属性栏相关属性，沿衬衫衣领边缘拖动鼠标，擦除外套多余部分。效果如图3-33和图3-34所示。

提示

"橡皮擦工具"可以单击或拖动鼠标来实现擦除图像。但在擦除开放的曲线时，可将开放的曲线分割成数段曲线；在擦除闭合的曲线时，会在曲线内部沿着轨迹生成一段曲线同原曲线连接，从而使原曲线变成一条内凹的闭合曲线，还会自动生成多个节点。

4）选择"形状工具"将多余节点删除。选择"贝赛尔工具"绘制出外衣的衣袖并填充颜色。效果如图3-35和图3-36所示。

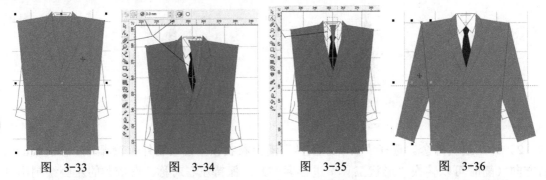

图 3-33　　　　图 3-34　　　　图 3-35　　　　图 3-36

5）选择"椭圆工具"在外套上方绘制出纽扣，然后再制出3个。使用"挑选工具"选择4个纽扣，打开属性栏"对齐与分布"对话框，设置"分布"选项，使4个纽扣之间的间距相等并左对齐。使用"挑选工具"选择底层白衬衫的长衣袖，按<Delete>键将其删除。效果如图3-37和图3-38所示。

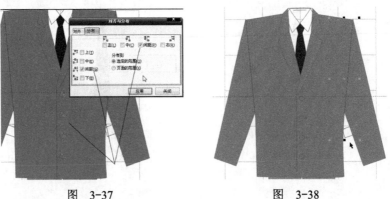

图 3-37　　　　　　　　　　图 3-38

6）使用"挑选工具"选择底层长裤，拖动变大，修改填充颜色为"蓝色"。效果如图3-39和图3-40所示。

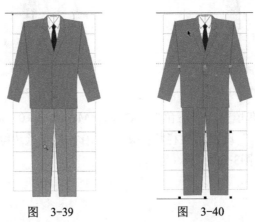

图 3-39　　　　　图 3-40

7）这样，3个款式的服装就完成了，将各个部分内容组合到一起，最后与网格一起按辅助线对齐，调整大小、线段连接等细节部分。最终效果如图3-41所示。

提示　在调整过程中最重要的是注意哪部分曲线因为闭合并填充颜色；哪部分曲线则无须闭合；每个部分的层次关系，使图像更形象。

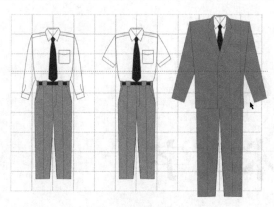

图　3-41

项目小结

　　本项目主要通过对两款服装设计案例的讲解，综合使用了CorelDRAW X5中的多种曲线工具和曲线编辑工具，充分锻炼了学生的手绘能力，同时培养了学生的注意力、感知力、想象力、思维灵活性、形象记忆力等。

拓展作业

　　根据以上所学内容，依照下面4副图例设计创作3款休闲装、时尚装和运动装，效果如图3-42～图3-44所示。注意根据服装的款式不同所应用的线条样式也不一样。

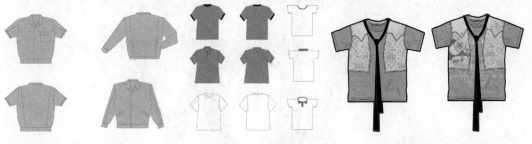

图3-42　休闲装　　　　　　图3-43　运动装　　　　　　图3-44　时尚装两款

项目4
设计艺术文字

任务1　设计英文字体

在平面设计中，文字占据很重要的位置。有不少设计师热衷于创意更多的手写艺术字，如报头、刊头、机构名称、品牌名称，而这些创意文字大多被当做商标或机构形象注册，具有较强的识别性、生命力、美感和独创性。

1. 作品展示

效果如图4-1和图4-2所示。

图　4-1

图 4-2

任务分析

英文与汉字有着明显的差异，汉字基本上全字可容纳在一个整体的方格里，而英文的结构有着大小不同的形状，在字形设计上不可能排列在同一条直线上。无论是大写字母还是小写字母，其宽窄不一，如果简单地把汉字和英文字混排在一起，很难达到预期的美感效果。所以，在中英文并用的版面中，要严格考究，才可达到预期的效果。

2. 字距与行距

字与字之间的距离称作字距，行与行之间的距离称作行距。电脑字库中的字距在设计时，已按正常阅读方式设计过字的距离，一般不需要在编排时考虑字距，除非是特殊的版面设计，则可根据设计要求留有特殊的空隙。行距以齿（英文代码为H）为单位，字的长与宽为1:1（正方形），此外横排的空隙微妙，如果16级字用16齿，其行距的密度太紧，中间没有空隙。正常行距的编排一般是行距齿比字级大4，如16级字需标20齿，密排法行距比字级大2或3级，疏排法可比字级大4级以上，如16级字可排21、22、23、24齿等，一般性内文不宜排得太疏，否则会显得松散，不美观也不便阅读。行距排列的比例关系根据设计意图而定，只有懂得了其中的规律，才能得心应手，如图4-3所示。

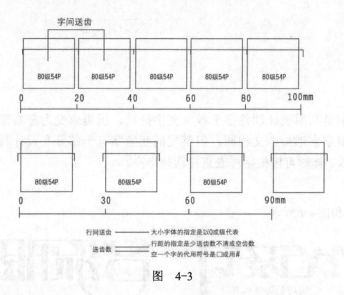

图 4-3

3. 文字的大小

字号、点数与字级效果如图4-4所示。

Design immensity50
Design immensity45
Design immensity40
Design immensity35
Design immensity29
Design immensity27
Design immensity25
Design immensity23
Design immensity21
Design immensity19
Design immensity17
Design immensity15
Design immensity13
Design immensity12
Design immensity11
Design immensity10
Design immiensity9
Design immiensity8
Design immiensity7
Design immiensity6
Design immiensity5
Design immiensity4

4形象资产创意无限
5形象资产创意无限
6形象资产创意无限
7形象资产创意无限
8形象资产创意无限
9形象资产创意无限
10形象资产创意无限
11形象资产创意无限
12形象资产创意无限
14形象资产创意无限
15形象资产创意无限
17形象资产创意无限
19形象资产创意无限
21形象资产创意无限
23形象资产创意无限
25形象资产创意无限
30形象资产创意无限
35形象资产创意无限
40形象资产创意无限
45形象资产创意无限
50形象资产创意无限

图 4-4

任务2 设计电脑变形文字

▶ 任务情境

　　电脑变形文字是利用设计软件等手段将文字拉长、压扁或变为左右倾斜、弧形、自由型等。英文的变型字字形与中文相同，但英文的变型字有一部分在设计时已经将其字形按角度倾斜了，在标字体时可按植字样表直接选择字样。

作品展示
效果如图4-5和图4-6所示。

图 4-5

图 4-6

1）拖动出水平和垂直辅助线用于定位文字大小及间距。选择"艺术笔工具"→"书法笔"，设置属性栏中艺术笔宽度，拖动鼠标绘制字体，不合适的地方用"形状工具"进行修改，如图4-7所示。

图 4-7

提示

有时根据字体的需要可以先利用"文字工具"输入文字，选择计算机中已安装的字体样式，然后单击属性栏中的"转换为曲线"命令或按<Ctrl+Q>组合键，可将文字转换成曲线编辑状态，再利用"形状工具"进行调整即可。

2）创建"鲜你"艺术字。首先创建外部造型，可以利用"椭圆形工具"并按<Ctrl>键绘制正圆，在属性栏中将图形进行"焊接"或"修剪"。效果如图4-8所示。

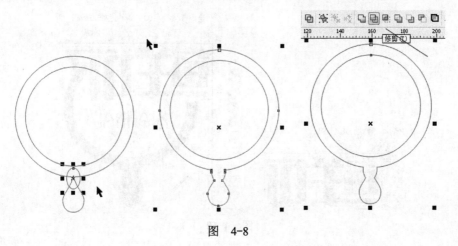

图 4-8

> 提示　焊接对象，是指多个相互重叠或相互分离的对象进行组合，合并成一个新的对象，该对象使用被焊接对象的边界为轮廓，并且所有交叉的线条全部自动删除。

> 提示　修剪对象，是将被修剪对象覆盖的部分或被其他对象覆盖的部分清除来产生新的对象，但图形中如果有互相重叠的部分，则不能执行修剪命令。

3）使用"挑选工具"拖动框选择对象后，修剪时始终是上方的图形为修剪对象，修剪完成后将保留原图形，下方的图形是被修剪的对象。将修剪好的对象填充"黑色"，效果如图4-9所示。

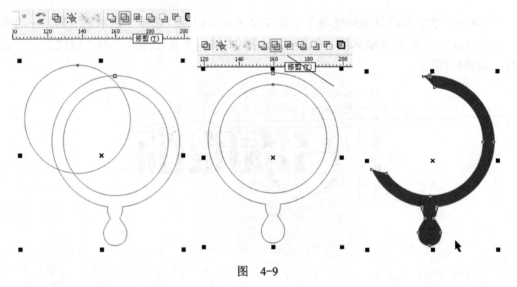

图　4-9

4）在标尺上拖出水平和垂直辅助线，选择"艺术笔工具"→"书法笔"，设置属性栏中的相关参数，在辅助线范围内书写文字，最后将绘制好的图形移动到适当位置，添加英文说明，如图4-10所示。

图　4-10

"书法式自然笔工具"是艺术笔工具中的一种书写模式，可以通过对属性栏中"笔刷平滑度""笔刷宽度""笔刷角度"的设置书写出与书法字一样的路径效果。

任务3 设计创意艺术字体

任务情境

艺术字的处理方法多种多样，其中可以用图形与文字拼接的方法得到图文字。使用此方法时，设计者首先应考虑文字的外部轮廓造型，可以使用"手绘工具""贝塞尔工具"或"钢笔工具"在已确定的文字周边造形，修改线条的宽度及曲线的弯曲程度，进行叠加即可。

作品展示
效果如图4-11和图4-12所示。

图 4-11

图 4-12

任务分析

艺术字，将输入的文字设置文字的字体，分解后将文字的某个部分与图形互换，达到属意的表达效果。手写艺术字常用于企业名称、品牌名称、杂志报纸刊头标头、主题活动等方面的字体设计，一般为单字、词组或一个句子的整体风格设计。手写艺术字的个性鲜明，思想明确，艺术性强，风格变化而统一。手写艺术字体（也称美术字），是指人利用手工方式通过绘图工具所描写出来又区别于一般印刷体的字体，它是根据某种字体或几种字体综合和变化产生的艺术效果。手写艺术字一般没有什么标准，其优点在于可发挥设计者艺术想象力在文字造型上的素养，如图4-13所示。

图 4-13

手写字的制作应注意字体结构关系，字体变形要做到既有变化又能达到整体效果。除此之外，字距排列也很重要，要注意字与字距的协调感，字距一般不能宽于字体的大小，否则会产生孤立感，这样就会失去标题和手写艺术的作用。

任务4　交互式调和文字

▲ 任务情境

所谓调和，是在两个形状（图形、线、文字）之间产生平滑过渡效果，实现从一个对象到另一个对象而创建的一种效果。

1. 作品展示

效果如图4-14所示。

图　4-14

▲ 任务分析

调和效果可以使两个分离的绘图对象之间逐步产生形状、颜色的平滑变化。在调和过程中，对象的外形、排列次序、填充方式、节点位置和数目都会直接影响调和结果。"交互式调和工具"的对象应该是两个或两个以上。

2. 绘制立体调和文字

▲ 任务实施

利用"交互式调和工具"制作调和文字。效果如图4-15所示。

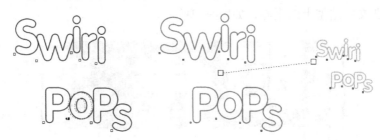

图　4-15

3. 文字的设计原理

在平面设计中，文字占据很重要的位置。每个国家乃至民族都有自己的文字，它反映着每个国家和民族的文化特质。文字又是表达思想、传递信息、交流感情的重要工具，文字的造型是祖先艰苦创造的结晶，是人类最宝贵的精神和物质财富。特别是通过数千年的改进、塑造和演变，文字形成了各种款式或种类，如英文分罗马体和歌德体两大类，前者相当于汉字宋体，后者相当于汉字黑体。英文字体繁多，常以创作者命名；中文有宋体、仿宋、正楷、黑体、隶书、魏体等。现代中文字艺术体还有圆体、综艺、空心肥、方广告等一百余种创新字体，使方形的中文字更具人性化、思想性和审美价值。我国汉字本身就是一种艺术形象，它在世界上独具一格，别有风味。设计家都非常重视如何运用美的概念将文字巧妙地运用在平面印刷设计中，除此之外，有不少设计师热衷于创作更多的手写艺术字，如报头、刊头、机构名称、品牌名称，而这些创意文字大多被当做商标或机构形象注册，具有强力的识别性、生命力、美感和独创性。

项 目 小 结

通过对本项目的学习，学生可以了解文字的另类表现效果。本项目主要利用夸张、对比等表现技法讲解文字的各种造型效果，使学生提高思维想象和创新能力。

拓 展 作 业

注意观察和分析下图中的文字效果是如何创建的，尝试着做一做，从中找出设计规律，也许会得到意想不到的效果，如图4-16～图4-18所示。

图 4-16   图 4-17

提示

调和的过程也就是渐变的过程，它包括直线调和、沿路径调和（两个对象相互调和时）和复合调和（两种以上对象相互调和时）。

图 4-18

项目 5
设计包装类产品

任务1　设计常见商品类包装盒

　　包装的目的是保护商品，但是发展到今天，其内涵越来越广泛，形式越来越多元化。优良的包装有助于商品的陈列展销，有利于消费者识别选购，激发消费者的购买欲望，因而包装设计也被称为"产品推销设计"。

　　1. 作品展示

　　效果如图5-1和图5-2所示。

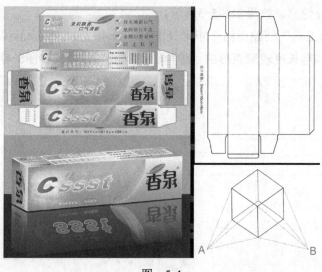

图　5-1

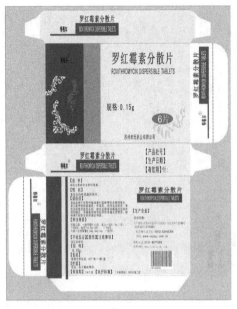

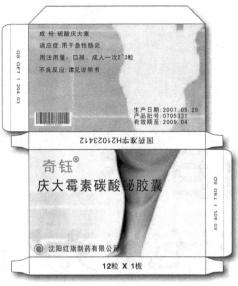

设计尺寸：长14.6cm×宽8.6cm×厚1.4cm

图 5-2

任务分析

包装的种类繁多，其设计制作方法也不尽相同。以上述图中3款包装为例，在制作过程中首先要创建好平面轮廓图，尺寸要精确地规划出粘贴部分、折叠部分以及各压印部分。其次添加说明图片及文字内容，最后添加背景效果。

2. 创建包装盒线条轮廓图

任务实施

1）选择"矩形工具"创建轮廓图，尺寸为200mm×45mm×35mm。选择"贝赛尔工具"绘制出包装粘贴部分轮廓。效果如图5-3所示。

2）选择"矩形工具"创建出两个矩形（宽45mm×46mm；窄6mm×45mm），尺寸根据正面包装来确定，调整长度较窄矩形的"边角圆滑程度"。效果如图5-4所示。

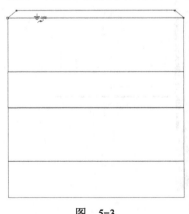

图 5-3

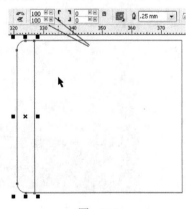

图 5-4

3）将绘制好的盒盖按<Ctrl+D>组合键再制出一个副本，水平翻转移动到适当位置，作为包装盒的盒底。效果如图5-5所示。

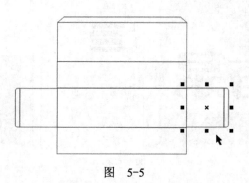

图 5-5

4）选择"矩形工具"创建一个矩形35mm×37mm，按<Ctrl+Q>组合键将矩形转换成曲线编辑。选择"形状工具"，在线段上双击"添加节点"并拖动节点调整曲线形状。效果如图5-6所示。

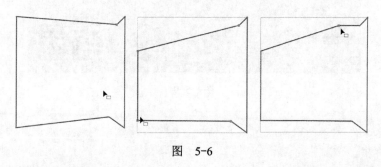

图 5-6

5）将调整好的图形移动到适当位置，按<Ctrl+D>组合键再制出3个副本，利用属性栏中"水平镜像"和"垂直镜像"命令调整方向，移动到相应位置。至此牙膏的平面轮廓图就完成了，效果如图5-7所示。

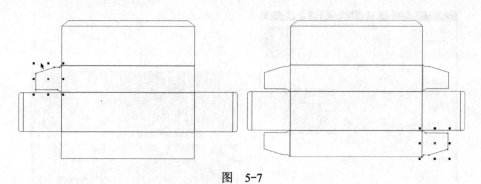

图 5-7

3. 创建包装盒平面效果图

1）将包装盒盖部分填充颜色，按<Ctrl+I>组合键导入图片，选择"配套资源中素材"→"包装设计"→"香泉标"素材。利用"位图颜色遮罩"命令去除图片背景色，旋转移动到适当位置。效果如图5-8所示。

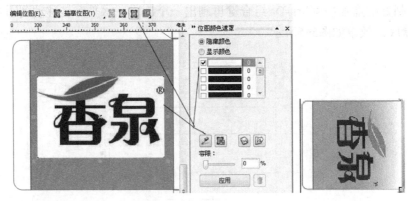

图 5-8

2）利用"贝赛尔工具"绘制曲线并添加文字说明（按<Ctrl+K>组合键拆分文字，然后单独调整），设计制作包装盒正面效果，如果5-9所示。

图 5-9

提示　　发光效果可以使用"交互式阴影工具"创建投影效果，选择"排列"→"拆分阴影群组"将对象与投影分离后，单独调整投影得到。

3）按<F11>键打开"渐变填充"对话框，设置参数如图5-10所示，填充包装右侧面并添加文字。

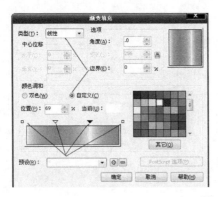

图 5-10

提示　　双击渐变标尺外可以添加色标、双击标尺上的色标可以将其删除。在"预设"处输入渐变名称，单击"+"可以将当前设置的渐变效果保存。

4）制作条形码。选择"编辑"→"插入条形码"，输入条形码数字编号单击"下一步"按钮，设置打印机分辨率等参数，再单击"下一步"按钮，设置相关字体等，最后单击"完成"按钮。效果如图5-11所示。

图　5-11

5）选择"文字工具"添加其他商品信息文字，设置字体、字号大小、颜色等参数。如需要插入特殊字符时按<Ctrl+F11>组合键调出"插入符号字符"泊坞窗口，设置相关字体，将要插入的符号直接拖动出来即可。使用"挑选工具"分别选择组成包装各个面的对象，按<Ctrl+G>组合键使用"群组"命令组合在一起。调整整体效果如图5-12和图5-13所示。

图　5-12

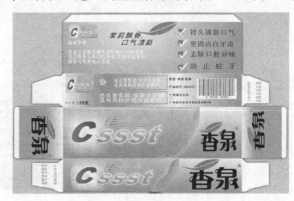

图　5-13

4. 创建包装盒三维立体效果图

1）选择"挑选工具"将包装盒的3个面（正面、左侧面及顶面）水平或垂直方向倾斜变形组合成三维立体效果图。效果如图5-14和图5-15所示。

图　5-14

图 5-15

2）将包装盒正面及左侧面分别再制出副本，单击属性栏中的"水平或垂直镜像"命令，调整上下关系做出包装盒的反光投影效果，如图5-16所示。选择"交互式透明工具"设置属性栏相关参数，为其添加不透明度，效果如图5-17所示。

图 5-16

图 5-17

3）选择"矩形工具"绘制两个矩形上下连接组成A4版面，作为包装盒的背景。图中颜色信息效果如图5-1所示。

任务2 设计手提袋

📌 任务情境

手提袋设计一般要求简洁大方，手提袋设计印刷过程中正面一般以公司logo和公司名称为主，或者加上公司的经营理念，不应设计得过于复杂，能加深消费者对公司或产品的印象，获得好的宣传效果。手提袋设计印刷对扩大销售，树立品牌，刺激购买欲，增强竞争力有很大的作用。作为手提袋设计印刷策略的前提，确立企业形象更有不可忽略的重要作用。作为设计构成的基础，形式心理的把握是十分重要的，从视觉心理来说，人们厌弃单调统一的形式，追求多样变化，手提袋设计印刷要体现出公司与众不同的特点。

1．作品展示

效果如图5-18～图5-20所示。

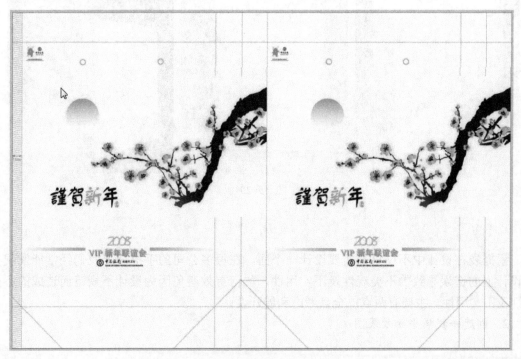

图 5-18

图 5-19

图　5-20

↘ 任务分析

　　手提袋在设计中不仅只是需要设计一个面，在很多公司的手提袋上我们经常能发现很多设计上的错误导致的不美观性及不实用性，如何有效避免因为设计不规范而造成的不美观性及不实用性，主要有两点：全盘考虑和展开设计。

　　2. 创建手提袋平面效果图

↘ 任务实施

　　1）双击"矩形工具"创建一个与版面相同大小的矩形，填充"20%黑色"。再次创建一个140mm×185mm的矩形，填充"白色"。使用"挑选工具"拖动标尺左上角交界处到矩形的左上角，使0点坐标与矩形的顶边对齐。按<Ctrl+J>组合键打开"选项"对话框，单击"文档"→"辅助线"命令，添加水平和垂直辅助线。效果如图5-21～图5-24所示。

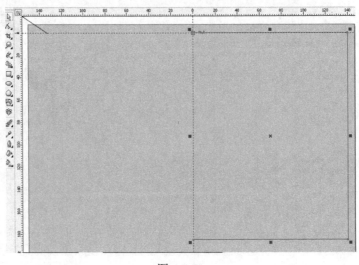

图　5-21

提示

在"选项"对话框中，如果需要将多余的辅助线删除，可在对话框中选择该辅助线，然后单击"删除"。

图 5-22

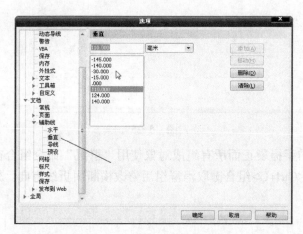

图 5-23

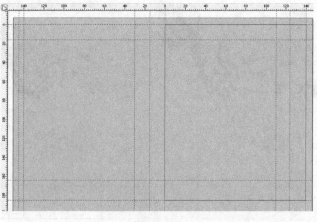

图 5-24

2）选择"查看"→"对齐辅助线"命令可以使绘制的对象自动对齐到辅助线上。选择本书素材文件夹中的"手提袋设计"文件夹，选择图片1和图片2，将图片移动到适当位置。一个作为手提袋的正面图案，一个为说明标志。选择"矩形工具"创建一大一小两个正圆，"修剪"后填充"黄色"作为手提袋的袋孔，对齐移动到适当位置。选择"文字工具"添加相关文字信息。选择"手绘工具"绘制手提袋折痕，设置线型为"虚线"，轮廓颜色为"30%黑色"。效果如图5-25所示。

图　5-25

3）将绘制完成的手提袋正面所有组成对象使用"群组"命令组合在一起，再制一个副本，移动到左侧，按<Ctrl+U>组合键取消群组后修改横断面折线方向。效果如图5-26所示。

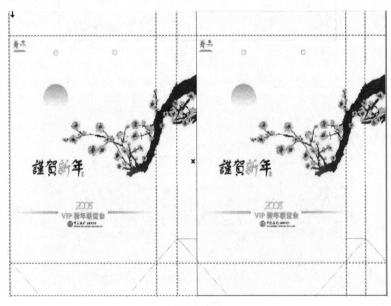

图　5-26

4）制作5mm粘贴缝，选择"矩形工具"创建一个5mm×185mm的矩形，单击工具栏中的"图样填充"打开"图样填充"对话框，设置参数如图5-27所示。将手提袋的各个面组成对象组合在一起，如图5-28所示。至此手提袋的平面图就完成了。

3. 制作手提袋三维立体效果图

1）再制出一个正面副本，选择"位图"→"转换为位图"命令，将原来的失量图形转换成位图图像，再制出3个副本。选择"矩形工具"以手提袋成品大小绘制3个矩形，分别选择位图，依次执行"效果"→"图像精确剪裁"→"放置在容器中"，最终得到3部分图像。效果如图5-28所示。

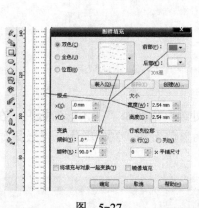

图 5-27

图 5-28

2）选择"挑选工具"将其垂直方向倾斜一个小的角度。效果如图5-29所示（组成对象一定要是组合在一起的）。

3）双击"矩形工具"创建一个版面大小的矩形，填充一个渐变色作为背景。选择"矩形工具"绘制一个与正面图形相同大小的矩形并向一个方向倾斜，使其相互平行，作为背面。选择"交互式填充工具"为矩形填充颜色"从白色−30%黑色"。效果如图5-30所示。

4）使用"挑选工具"选择其中一个右侧面并将其垂直倾斜一个角度，效果如图5-31所示。利用相同的方法将另一个侧面也进行倾斜，效果如图5-32所示。

图 5-29

图 5-30

图 5-31

95

5）选择"贝赛尔工具"绘制一个与最右侧面相同形状大小的图形，填充颜色为"30%黑色"，然后执行"效果"→"透镜"或按<Alt+F3>组合键打开"透镜"泊坞窗口，设置参数如图5-33所示。

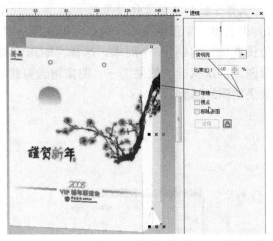

图 5-32　　　　　　　　　　　　　　图 5-33

6）选择"贝赛尔工具"在手提袋侧面右下角处绘制出两个"三角形"折痕，在手提袋口左上角处绘制一个折痕，分别填充颜色为"20%黑色"和"30%黑色"。效果如图5-34和图5-35所示。

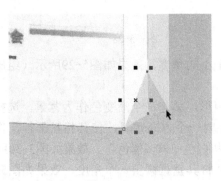

图 5-34　　　　　　　　　　　　　　图 5-35

7）选择"艺术笔工具"→"预设"命令，设置属性栏中的笔刷样式、大小、平滑度等参数，在手提袋上方绘制出两条带子。利用"形状工具"调整曲线的形状及弯曲方向。效果如图5-36和图5-37所示。

8）选择"挑选工具"将手提袋的正面与两个侧面分别再制出一个副本，使用"水平和垂直"翻转，移动至效果图的下方。使用"交互式透明工具"分别为3个面添加不透明效果，如图5-38和图5-39所示。

提示　　"交互式透明工具"与"交互式渐变工具"一样，都有标准、线性、射线等相同的使用类型。不同的是"交互式透明工具"是将对象局部隐藏，而"交互式渐变工具"是给对象填充颜色、纹理等内容。

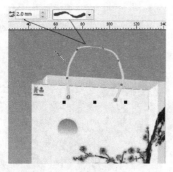

图　5-36

图　5-37

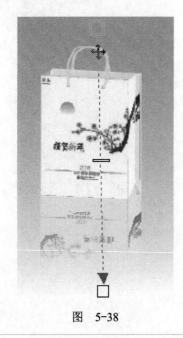

图　5-38

图　5-39

提示　　　在本任务中只介绍了一种透视方法来制作立体手提袋效果，我们还可以尝试利用"添加透视点"的方法和"位图三维滤镜效果"来制作立体手提袋效果。

项 目 小 结

　　包装一直被视为产品的保护和展示，包装设计包括形态、结构和平面设计等要素。在进行包装设计时，不仅要关心商标、图案及文字的设计，还要了解商品的用途和外观对图像的影响。本项目通过对多个领域的包装为实例，介绍了各种包装制作的全过程，使学生在设计过程中将CorelDRAW X5软件使用得更熟练。

拓 展 作 业

　　根据本项目所学内容，设计制作以下图片效果，如图5-40和图5-41所示。

图 5-40

图 5-41

项目 6
设计卡通风景画

随着时间的推移，卡通逐渐成为我们生活中不可或缺的元素。大街上，卡通形象比比皆是，如年轻人的书包上的卡通挂件，文具上的卡通人物等。然而随着社会的进步，科技时代的来临，卡通画也在网络中日益繁荣，已经成为不可或缺的重要组成元素。

作品展示

效果如图6-1所示。

a)

b)

c)

d)

图　6-1

↘ 项目分析

　　风景画的设计主要以各部分组成元素的内容及其变化来实现与观者的共感。本项目内容主要以一年四季"春、夏、秋、冬"的表现来讲解设计制作技法及软件的操作。

　　"春"季：主要以晴朗的天空，悠悠绿地来表现，所用颜色以"淡黄、草绿、淡蓝"为主，给人以"清、新"之感。

　　"夏"季：主要以蔚蓝的天空、宽广的海面、茂盛的植物来表现，所用颜色以"浅青、淡蓝、深蓝、浅绿、深绿"为主，给人以"凉爽"而不是"酷热"之感。

　　"秋"季：主要以成熟的谷物为线索，展开刻画，所用颜色以"土黄、深黄、褐色"为主，给人以"丰收、微凉"之感。

　　"冬"季：主要以皑皑白雪为主，以松柏来衬托，所用颜色以"白、深绿"为主，再配用冷色调颜色，不但能体现出"冰天雪地"，同时也蕴含着"无限生机"。

任务1　制作"春"风景画

↘ 任务实施

　　1）选择"矩形工具"创建一个矩形，按<F11>键将矩形填充渐变色"蓝色－白色"，C=100、M=0、Y=0、K=0。选择"手绘工具"拖动绘制两个不规则的云彩形状并填充渐变色。选择"交互式透明工具"为两朵云彩添加透明效果。使用"手绘工具"在两朵云彩的下方拖动绘制一个不规则形状并填充颜色C=30、M=0、Y=100、K=0，用于表现起伏的草地。效果如图6-2和图6-3所示。

　　　　　　图　6-2　　　　　　　　　　　　　　　图　6-3

　　2）使用"手绘工具"在第一片的草地的下方再绘制第二片草地，利用渐变填充颜色"浅黄色－草绿色"，C=10、M=0、Y=90、K=0，C=30、M=0、Y=100、K=0。使用"手绘工具"在草地上绘制出一条道路，填充"白色"。效果如图6-4和图6-5所示。

图 6-4　　　　　　　　　　　图 6-5

提示

使用"手绘工具"时，拖动鼠标可自由绘制曲线；单击鼠标可绘制单独线段。单击确定第一个起始点后双击下一点可绘制连续的折线，同时可以设置属性栏的旋转角度、镜像方向、线段端点的样式、是否自动闭合等参数。

3）使用"手绘工具"将第二条小路绘制出来并填充"白色"，置于第一片草地上，第二片草地的上方。使用"矩形工具"绘制两个矩形，垂直倾斜后组成的形状，选择"椭圆形工具"绘制楼房的房顶，分别填充颜色，注意深浅的变化，最后再细致刻画，效果如图6-6和图6-7所示。

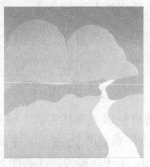

图　6-6　　　　　　　　　　　图　6-7

4）使用相同的方法一次绘制出其他楼房并填充浅淡类颜色，注意背光面颜色应相对较深。效果如图6-8和图6-9所示。

图　6-8　　　　　　　　　　　图　6-9

5）使用"椭圆形工具"和"自定义形状工具"绘制路标，导入图片素材"春"字，使用"位图颜色遮罩"命令去除背景色。最终效果如图6-1a所示。

101

提示 | 矢量图形的线条轮廓是非常清晰的，不存在羽化边缘的效果。如果想让图形的边缘圆滑一些，可使用"位图"→"转换为位图"命令将设计完成的矢量图转换成位图。

任务2 制作"夏"风景画

🔽 **任务实施**

1）选择"矩形工具"绘制一个矩形，填充"蓝色"，最浅C=60、M=10、Y=0、K=0，选择"手绘工具"拖动绘制不规则形状，用于表现天空增加层次感。建议使用颜色：最深C=100、M=65、Y=0、K=0；选择"手绘工具"拖动绘制天空中的白云并填充"白色"。效果如图6-10和图6-11所示。

图 6-10 图 6-11

2）选择"手绘工具"分别绘制海面和陆地，随时使用"形状工具"调整曲线的节点，使曲线自然弯曲，不需刻意造形。填充颜色以蓝色、黄色"为主，其中蓝色有（中间）C=100、M=50、Y=0、K=0，（较浅）C=80、M=20、Y=0、K=0，（海面）C=60、M=0、Y=10、K=0；黄色有（最深）C=5、M=20、Y=40、K=0，（中间）C=5、M=10、Y=30、K=0，（最浅）C=2、M=7、Y=15、K=0。效果如图6-12和图6-13所示。

图 6-12 图 6-13

3）选择"手绘工具"绘制绿色植物，（深绿）C=90、M=50、Y=95、K=20；（中间绿）C=90、M=40、Y=100、K=0；（浅绿）C=80、M=15、Y=100、K=0；（深树干）C=70、M=60、Y=80、K=20；（浅树干）C=50、M=40、Y=75、K=0。效果如图6-14所示。

图　6-14

4）选择"手绘工具"绘制树的阴影部分，填充颜色C=40、M=35、Y=66、K=0。效果如图6-15所示。

图　6-15

5）将绘制好的各部分组合到一起，修改细节部分，最后转换成位图。最终效果如图6-16和图6-1b所示。

图　6-16

任务3　制作"秋"风景画

▶ 任务实施

1）选择"矩形工具"绘制两个矩形，上方的填充"蓝色"，C=60、M=0、Y=10、K=0；下方的填充"黄色"，C=5、M=20、Y=100、K=0。使用"手绘工具"拖动任意绘制几朵白云。效果如图6-17所示。

2）选择"手绘工具"拖动绘制出青山，为了使青山有立体的层次感，所以填充颜色时选择"交互式网格填充工具"，双击网格线可以添加节点数，按<Shift>键单击节点，可以选择多个节点，单击调色板即可添加颜色。效果如图6-18所示。

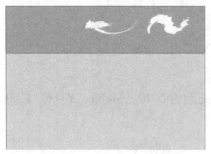 

图 6-17　　　　　　　　　　　　图 6-18

> **提示**　　利用"交互式网格填充工具"可以更容易地实现平滑的颜色过渡效果。这些网格是由节点围成的，编辑这些网格的操作方法与编辑节点相类似，在网格中单击，选中一个网格，在色盘上选取颜色即可填充。

3）选择"手绘工具"绘制出树叶和道路。树叶也使用"交互式网格填充工具"填充颜色，使用"艺术笔工具"绘制出杂草，以红褐色为主。效果如图6-19和图6-20所示。

图 6-19　　　　　　　　　　　　图 6-20

4）使用"贝赛尔工具"和"椭圆工具"绘制地里的"稻草人"和"蜻蜓"，填充颜色以"黄褐色"为主色，（深色）C=20、M=50、Y=100、K=0；（中间色）C=2、M=25、Y=80、K=0；（浅色）C=3、M=10、Y=80、K=0。效果如图6-21和图6-22所示。

图 6-21　　　　　　　　　　　　图 6-22

5）将绘制好的矢量图全部选择，执行"位图"→"转换为位图"命令，将矢量图转换成位图。选择"矩形工具"并在位图上左上角绘制一个较小的矩形，使用"挑选工具"选择位图，执行"效果"→"图框精确剪裁"→"放置在容器中"，单击矩形边框，将位图按矩形的大小裁切，去除多余的不规则边缘。如果裁切的位图不合适，可以执行"效果"→"图框精确剪裁"→"编辑内容"和"结束编辑"命令进行修改。效果如图6-23和图6-24所示。

6）最终效果如图6-1c所示。

图　6-23

图　6-24

提示

将一个图像放置到另外一个图形中，称为图框精确剪裁。该操作有点类似我们通过照相机的取景框看景物。创建图框精确剪裁操作时，需要至少两个对象。一个对象被作为容器，它必须是封闭的曲线对象；另一个作为内置的对象。在设置精确剪裁的过程中，若右击内置对象并将其拖动到容器对象上面，释放鼠标，在弹出的快捷菜单中也可以选择"图框精确剪裁到内部"命令，同样能够完成效果。

任务4　制作"冬"风景画

↘ 任务实施

1）选择"矩形工具"创建一个矩形，渐变填充"蓝色-白色"。选择"手绘工具"任意绘制雪山，选择"交互式网格填充工具"，双击网格线添加节点及横纵方向网格线。整个图形填充"白色"，局部节点填充"10%-30%黑色"，用以表现立体层次感。效果如图6-25所示。

2）选择"手绘工具"沿雪山的内部任意绘制一条雪带，用于突出凹凸部分。用"交互式填充工具"填充颜色"白色-黑色"。效果如图6-26所示。

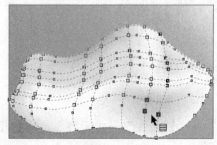

图　6-25

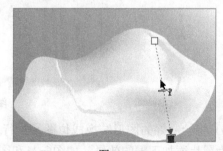

图　6-26

3）利用"手绘工具"和"矩形工具"绘制小房子，并填充相关颜色。利用"手绘工具"绘制松树，为突出立体层次感选择"交互式网格填充工具"填充颜色。效果如图6-27所示。

图 6-27

4）使用"挑选工具"选择小房子和松树，组合到一起，移动到雪山上。选择"艺术笔工具"绘制其他树的树干，使用"手绘工具"沿树干外围绘制整个树体并填充颜色。效果如图6-28和图6-29所示。

图 6-28

图 6-29

5）将绘制好的树再制出一部分，调整大小及位置关系移动到雪山中。效果如图6-30所示。

图 6-30

6）将绘制好的图形转换成位图，执行"位图"→"创造性"→"天气"，设置相关参数，为图片添加下雪的效果，如图6-31和图6-32所示。

图 6-31　　　　　　　　　　　　图 6-32

通过使用"天气"滤镜可以制作出雪景、雨景或雾景。当"浓度"数值越大时，产生的效果越明显。

7）选择"椭圆形工具"绘制一个椭圆，执行"效果"→"图框精确剪裁"→"放置在容器中"，单击矩形边框，将位图按矩形的大小裁切，去除多余的不规则边缘。效果如图6-33和图6-34所示。

图 6-33　　　　　　　　　　　　图 6-34

8）去除图片轮廓线，执行"位图"→"创造性"→"虚光"，设置相关参数，如图6-35所示，为图片添加虚光效果。

图 6-35

9）最终效果如图6-36和图6-1d所示。

图 6-36

项目小结

卡通画面对大众，尤其是青少年，属于流行文化的范畴，其特点是新奇、可爱、形象生动。在设计过程中主要运用了CorelDRAW X5强大的绘图工具绘制出基本轮廓，利用艺术笔工具创建特殊效果。通过对本项目的学习，提高了学生的学习兴趣和创作水平。

拓展作业

根据本项目所学内容，设计制作以下两幅卡通风景画，如图6-37和图6-38所示。

图 6-37

图 6-38

项目 7
设计iPhone手机

➘ 任务情境

　　本项目介绍一款iPhone手机的制作，主要使用CorelDRAW X5中的"渐变填充工具"绘制金属质感的立体效果。整张效果图真实地表现了新潮智能手机的高真实材质、强烈的表面反光效果，富有层次感；其强烈的颜色对比调整，"交互式渐变工具"的使用是整个项目的难点。

作品展示

效果如图7-1所示。

图　7-1

任务分析

虽然我们总是在讲时尚、讲设计，但我自己其实是个比较不喜欢时尚的人，总是设法绕开时尚。因为要保持一个做研究的中立立场，如果过于投入某种时尚，则会担心中立性受影响，久而久之，对过于时尚的产品总有些退避三舍的畏惧。不过，苹果设计的产品，我就难以避免了，第一是性能比较好，第二是设计上的极限主义，减少到没有什么表面的设计，也很难推托。利用CorelDRAW软件将产品的外观设计出来，突出时尚元素，将设计艺术完整体现。

任务实施

1）选择"矩形工具"绘制一个59mm×115mm的矩形，调整属性栏中"边角圆滑程度"为100，效果如图7-2所示。

2）然后在这个带圆角的矩形周边拉出辅助线（为使矩形之间的空隙一致，最好使用键盘的4个方向键移动辅助线），按同样的方法制作出3个带圆角的矩形，效果如图7-3所示。

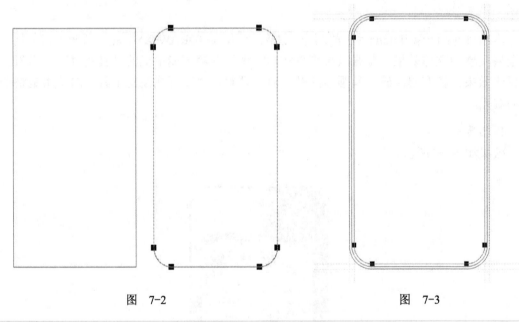

图 7-2　　　　　　　　　　　　　　　　图 7-3

> 提示
>
> "钢笔工具"可以绘制直线，也可以绘制曲线。绘制过程中按<Alt>键可以编辑路径段，进行节点转换、移动和调整节点等操作；释放<Alt>键可继续进行绘制。结束绘制，可按<Esc>键或单击"钢笔工具"。闭合路径时，将光标移动到起始点，单击即可闭合路径。
>
> 制作矩形圆角效果还可以使用"形状工具"来完成。

3）做好所有手机内部的矩形，然后将送话器窗口的小矩形拉圆角后，加很粗的线条，填充"60%黑色"。然后将按钮中间的正方形拉圆角加粗一点，线条颜色为"60%黑色"，填充"100%黑色"。效果如图7-4所示。

4）现在使用CorelDRAW左边工具栏上的"手绘"→"贝塞尔工具"，画出一个能剪切手机3个轮廓中最里面那个轮廓的不规则多边形，如图7-5所示。使用CorelDRAW上面的"排列"→"造形"→"剪切"工具，将手机镜面的反光剪出来。效果如图7-6所示。

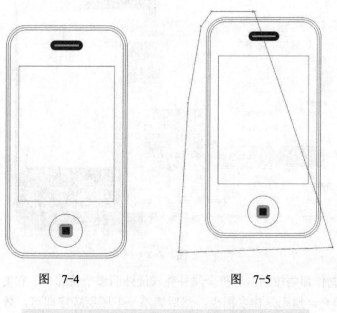

图 7-4   图 7-5

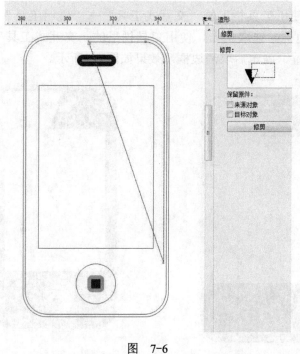

图 7-6

5）选择上面这个送话器窗口，选择"排列"→"将轮廓转换为对象"，然后按图示设置填充，单击"确定"按钮即可；用同样的方式填充按钮。直接填充剪切后的那块反光为

"白色"，填充手机内面板为"100%黑色"。效果如图7-7所示。

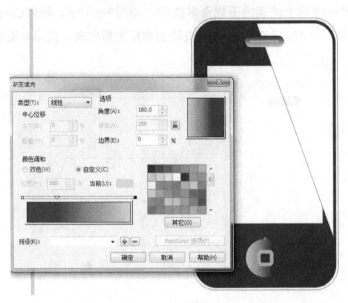

图 7-7

6）现在需要制作那些按钮，手机金属外壳（最外面那个轮廓），它们都是一个材质。使用"线性渐变"填充，原则是白多黑少，然后调整一下图层顺序即可。效果如图7-8所示。

7）选取反光，使用工具栏里的"交互式工具"→"透明工具"，如图7-7所示进行设置，确定后取消边框。选取反光，使用工具栏里的"交互式工具"→"透明工具"，如图7-7所示进行设置，确定后取消边框。效果如图7-9所示。

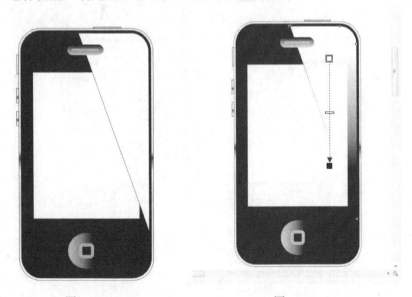

图 7-8 　　　　　　　　　　图 7-9

8）"导入"一张位图，然后选取这张图，选择"效果"→"图框精确裁剪"→"放置在容器中"。用箭头选取手机屏幕的白色方框，单击即可将图置入屏幕。效果如图7-10所示。

图　7-10

9）最后将全部图形进行组合，选取"交互式工具"→"交互式阴影"工具，拉出投影，一个漂亮的iphone手机就做出来啦。最终效果如图7-1所示。

项 目 小 结

通过对本项目的学习，学生应能掌握通过渐变填充操作、交互式填充操作、颜色与明暗的技巧以及材质的表现技巧等。

拓 展 作 业

通过本项目的制作方法结合前几个项目学习的内容设计制作下图中两款手机的效果，如图7-11所示。

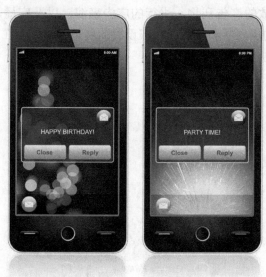

图　7-11

项目 8

设计POP类广告

任务1　设计商品宣传海报

任务情境

　　POP广告是许多广告形式中的一种，它是英文Point of Purchase Advertising的缩写，意为"购买点广告"。POP广告的概念有广义的和狭义的两种。广义的POP广告指凡是在商业空间、购买场所、零售商店的周围、内部以及在商品陈设的地方所设置的广告物，如商店的牌匾、店面的装饰和橱窗，店外悬挂的充气广告、条幅，商店内部的装饰、陈设、招贴广告、服务指示，店内发放的广告刊物，进行的广告表演，以及广播、录像电子广告牌等。狭义的POP广告仅指在购买场所和零售店内部设置的展销专柜以及在商品周围悬挂、摆放与陈设的可以促进商品销售的广告媒体。

　　作品展示

　　效果如图8-1所示。

图　8-1

↘ 任务分析

图8-1为"酷曼KM-606 MP4"播放器的宣传广告。整体构图给人以简洁、明快、时尚之感，充满了活力。插图部分模仿手绘技法，逼真、生动，更突出了产品的档次与高贵。

↘ 任务实施

1）导入"POP类广告设计"素材图片，在图片上选择"矩形工具"绘制一个297mm×210mm的矩形。选择"钢笔工具"在图片的下方绘制一个不规则的形状，并填充"白色"，遮盖掉一部分图。使用"贝赛尔工具"绘制出两条相交叉的曲线，并设置轮廓的宽度及颜色。效果如图8-2所示。

2）创建自行车插图，选择"椭圆形工具"，按<Ctrl>键绘制车轮，设置轮廓宽度。在上方绘制一个圆弧作为车轮挡泥板。车体其他部分的制作可使用"手绘工具"来绘制曲线，并设置线宽、轮廓颜色。效果如图8-3所示。

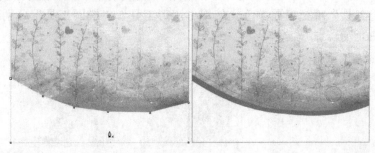

图　8-2

图　8-3

3）使用"钢笔工具"在车体上方绘制人物轮廓，并填充颜色C=3、M=6、Y=5、K=0。使用"手绘工具"绘制头发，并填充"黑色"。效果如图8-4所示。

图　8-4

115

4）使用"贝赛尔工具"绘制人物身上的服装，并填充颜色（红色）C=0、M=100、Y=100、K=0，（粉色）C=0、M=60、Y=20、K=0。使用"椭圆工具""贝赛尔工具"和"矩形工具"绘制耳麦。效果如图8-5所示。

图　8-5

5）绘制MP4播放器。选择"矩形工具"绘制一个矩形，修改"边角圆滑程度"。使用"交互式填充工具"填充表面颜色。使用"矩形工具""椭圆工具"分别绘制屏幕和键盘。效果如图8-6所示。

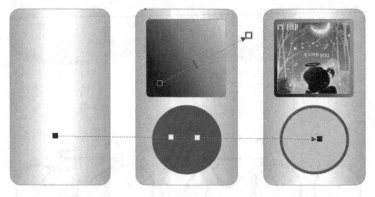

图　8-6

6）选择"文字工具"单击输入文字及按键符号。将绘制好的银灰色MP4再制出一个副本，利用"交互式填充工具"修改表面颜色为C=0、M=100、Y=、K=0。效果如图8-7所示。

图　8-7

7）将绘制好的MP4再制一个副本，缩小后移动到人物插图上。使用"手绘工具"绘制一条曲线将MP4与耳麦连接。效果如图8-8所示。

8）使用"文字工具"输入文字信息，修改字体、字号。制作立体文字时可先复制文字得到副本，将下层的文字颜色改为"黑色"即可，如图8-9所示。

图 8-8 图 8-9

任务2 设计指示标志牌

↘ 任务情境

POP广告只是一个称谓，但是就其形式来看，在我国古代，酒店外面挂的酒葫芦、酒旗，饭店外面挂的幌子，客栈外面悬挂的幡帜，药店门口挂的药葫芦、膏药或画的仁丹等，以及逢年过节和遇有喜庆之事时张灯结彩等，都可谓是POP广告的鼻祖。标志指示牌是在一般广告形式的基础上发展起来的一种新型的指示说明类广告。与一般的广告相比，其特点主要体现在指示、说明、陈列的方式、地点和时间等各方面内容之中。

作品展示

效果如图8-10所示。

图 8-10

↘ 任务分析

　　道路交通标志是显示交通法规及道路信息的图形符号，它可使交通法规得到形象、具体、简明的表达，同时还表达了难以用文字描述的内容，用以管理交通、指示行车方向以保证道路畅通与行车安全的设施。它适用于公路、城市道路以及一切专用公路，具有法令的性质，车辆、行人都必须遵守。

↘ 任务实施

　　1）选择"矩形工具"绘制一个40mm×43mm的矩形，填充颜色为C=85、M=85、Y=0、K=0，按<Alt+F9>组合键打开"变换"泊坞窗口，设置比例选项参数，再制出一个矩形轮廓颜色为"白色"。使用"基本形状工具"选择三角形，按<Ctrl>键绘制一个等腰三角形，填充"白色"。效果如图8-11和图8-12所示。

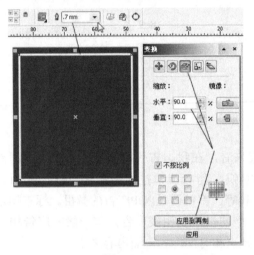

　　　图　8-11　　　　　　　　　　　　　　　　　　　图　8-12

　　2）选择"矩形工具"绘制一个5mm×80mm的矩形作为标志牌的支柱，使用"交互式填充工具"为其填充渐变色，按<Shift+PageDown>组合键可以将图形置于底层，如图8-13所示。

提示　　使用"交互式填充工具"时，鼠标双击指示线可以添加节点色标，单击调色板中的颜色即可添色，再次双击则会删除色标。

　　3）按<Ctrl+F11>组合键打开"插入字符"泊坞窗口，设置字体为"Webdings"，将人物符号直接拖出，调整其大小，如图8-14所示。再使用"矩形工具"绘制标志牌中的斑马线，调整水平倾斜度。

　　4）使用"矩形工具"另建两个矩形，分别填充"蓝色"和"白色"，选择"文字工具"输入文字信息，设置字体为"黑体"。使用"矩形工具绘制"再次绘制矩形，分别填充"10%黑色"和"20%黑色"，创建标志牌的连接部分，如图8-15所示。

　　5）选择"矩形工具"绘制最底端标志牌支柱，为了使其具有立体层次感，在"白色"矩形上方再绘制一个小的矩形并填充"10%黑色"，如图8-16所示。

　　6）将所有组成部分使用"对象对齐"命令调整对齐方向，最终效果如图8-17所示。

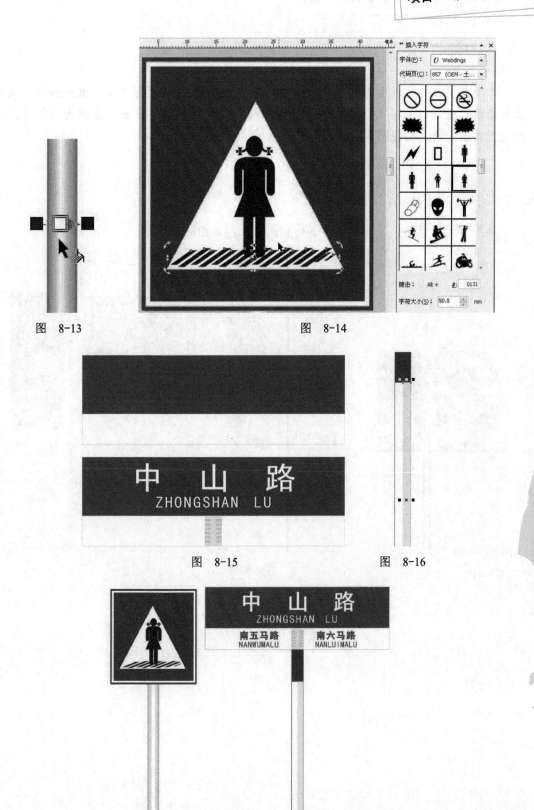

图　8-13　　　　　　　　　　　　　　　　图　8-14

图　8-15　　　　　　　　　　　　图　8-16

图　8-17

119

本项目提供的案例主要运用了CorelDRAW X5中的文字与手绘工具、曲线造型、图形对象的组织与管理、对齐与组合、特殊字符的插入等一系列制图方法，重点突出了软件的手绘造型功能，使学生能够掌握颜色明暗关系的设计技巧。

拓 展 作 业

利用所学知识点，设计并制作下列实例效果，如图8-18所示。

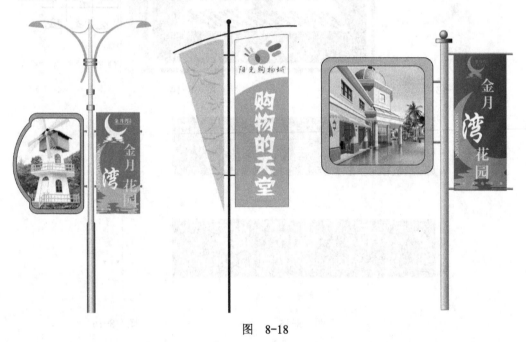

图　8-18

项目 9

成品印刷、输出打印

任务1 打印基础

了解印刷、输出打印首先要掌握平面设计相关理念。平面构成最早源于20世纪初的西方国家，并于20世纪70年代末传入我国。经过多年的实践和发展，目前平面构成已经成为设计学习中最重要也是最基础的视觉艺术理论，可以说一切设计从构成开始。

任务分析

打印（尤其彩色打印）用的是水性墨水或干性碳粉；印刷用的是油性油墨。

打印机一般是激光打印机或喷墨打印机；印刷机有橡皮布，靠本身受到的压力和电动压力差进行上墨。

打印的图片按打印机墨点分布显示打印照片的细腻度；印刷是通过网点的分布呈现图像，其表现形式完全不同。此外，印刷图片比打印图片要精美些。

打印通常仅局限于少量的纸张、胶片、相片纸等；而印刷因种类的不同可以在多种介质上呈现，例如普通胶印、丝网印刷、凹印、凸印等，分别可以在纸张、塑料、橡胶、金属、玻璃等各种材质印刷出精美图案。

印刷是单模多页；而激光打印是可变数据打印。

任务实施

1. 掌握常用打印设备

滚筒印刷机：常用来印刷报纸、书刊、杂志等。效果如图10-1所示。

　　胶版印刷机：可以印刷所有尺寸的印刷品，分为全开机、对开机、四开机、六开机、八开机；又可分单色、双色、四色、五色。例如德国的海德堡和日本的小森、三菱等。

　　印前设备：胶版发排机、打样机、苹果电脑、彩喷机、激光机、扫描仪等。

　　印后加工设备：拆页机、切纸机、烫金机、压纹机、凸凹机、打码机、捡联机、过塑机、装订机等。

　　其他印刷设备：不干胶印刷专业机、电脑专用联单印刷机、名片专用机、速印机、复印机、包装纸箱印刷机等。图9-1和图9-2为纺织袋胶版印刷机；图9-3为八色胶版印刷机；图9-4为胶版印刷机；图9-5为全自动滚筒丝网印刷机。

图　9-1

图　9-2

图　9-3

图　9-4

图　9-5

2. 彩色喷墨印刷技术应用

喷墨印刷是采用计算机控制，从喷嘴射到承印物上的细墨流而获得文字和图像的一种无压印刷方式。它集电子、机械、流体、超声、微机等多学科的技术为一体，已成为彩色印刷领域高新技术之一。近年来户外大型广告采用了喷墨印刷技术，使得广告图案的色调层次、清晰度、色饱和度等达到了近乎完美的程度。

3. 喷墨印刷的组成系统

喷墨印刷系统由系统控制器、喷墨控制器、喷头、承印物驱动机构、承印物等组成。

喷墨印刷系统的输出墨点是决定印刷质量的关键因素。墨点的大小以每英寸多少点数表示。彩色画面印刷一般有300dpi、600dpi、720dpi、1 024dpi等，有的大幅面广告宣传画印刷采用9～72dpi就可以达到要求。

4. 喷墨印刷机的类型

喷墨印刷机可分为连续式喷墨印刷机和间歇式喷墨印刷机两大类。

5. 彩色喷墨印刷

彩色喷墨印刷系统的主机通过多种不同的信息源接收彩色信息，如彩色图形终端、彩色扫描器（仪）、数字照相机、彩色文字处理机等各种模拟或数字原稿采集系统。信息源将春色光的三基色红、绿、蓝信息送至印刷机接口，并将要复制的信息存入主存储器，然后由色彩转换器将红、绿、蓝3色信息转换为青、品红、黄、黑4色油墨的分色及加网信号，再由灰度控制器控制中性灰，将上述4种颜色的油墨信号分别送至相应色别喷头的电极上，控制喷头喷射油墨。

6. 喷墨印刷材料

1）呈色材料：适用于彩色喷墨的黄（Y）、品红（M）、青（C）、黑（K）的高级专用油墨，其印刷性能必须稳定、无毒、不堵塞喷嘴，并具有良好的喷射性能，如某液体油墨的性能指标。

目前，人们广泛使用一种蜡基固态油墨，其呈色材料采用颜料，具有极好的耐光性，不易褪色；印刷过程在承印物表面固着，不渗透到其内部，印迹具有较好的清晰度。

2）承印材料：可采用的承印材料种类多为特种纸张、喷绘胶片及灯箱布等。就纸张而言，为防止墨点在纸上扩散，因此要求纸张表面光洁，一般采用高光相纸，其表面涂有极薄的透明涂层。

7. 彩色丝网印刷技术应用

丝网印刷是一个古老而独特的印刷技术。笔者曾在《中国印刷》杂志2001年第10期中以"彩色丝印技术任何灯箱广告的应用"为题目，介绍了有关丝网印刷技术应用的特点。丝网印刷具有其他印刷方式不具备的优点，在各类型户外广告的应用量占据相当大的比例，具有能大批量复制和低成本的优势。

1）彩色丝印的关键在于彩色连续调图像的制版，在制版过程要重点考虑的问题有以下几条：

① 图像的放大必须考虑网版的比例关系。

② 正常情况的原版为阳图正像，但如果是在透明材料反面印刷，此时的原版应为阳图反像。

③ 黄、品红、青、黑4色软片的网线角度除了应避免相互干扰出现龟纹外，还应考虑

丝网的经纬方向对彩色复制的影响。

2）材料选择及工艺过程应注意的事项：

① 4张网框都要用金属框，并且规格要完全一致。

② 丝网宜用高精度、防光晕的染色丝网，其目数依据印刷图案的放大倍数而确定。

③ 绷网时，4块网应在同一设备或相同条件下进行，宜采用"一网绷四"的方法，以保证4块网框的张力、精度一致。绷好的网，应放置1～2天再使用，确保其充分"松弛"。

④ 采用直接法制作模板，感光胶的涂布厚度要均匀一致。晒版时要保持抽气、光源、曝光时间和显影都控制在同一梯级（采用随版梯尺）。模板应在规定的条件下保存和使用。

⑤ 采用大型或精密丝网印刷机进行印刷，操作间的温度控制在18～25℃，湿度控制在50%～70%。

⑥ 印刷的网距应尽量小些，以提高套印精度，减少龟纹现象。

⑦ 刮墨刀的长度应一致，压力较小。刮墨刀角度约75°～80°，硬度稍大，即肖氏硬度70左右，刀刃应保持锋锐。

⑧ 匀墨要薄（约20μm）且均匀，防止油墨填满网孔。

⑨ 油墨的选择必须与承接材料相匹配，并且三原色油墨的光谱特性要好，透明度要高些，粘度可稍大些，使得网点立起，避免扩大。宜采用在印版上慢干，印迹快干的油墨。

⑩ 各种承印材料在印刷之前，必须经过材料的适性处理。

⑪ 印刷色序一般采用先印较深的非主色，后印主色，以便于套印。若是在透明塑料材料上的印刷色序应反过来，并且需要首先加印底色，然后再按色序套印。

任务2　喷绘写真技术

↘ 任务情境

喷绘一般是指户外广告画面输出，它输出的画面很大，如高速公路旁众多的广告牌画面就是喷绘机输出的结果。输出机型有NRU SALSA 3 200、彩神3 200等，一般是3.2米的最大幅宽。喷绘机使用的介质一般是广告布（俗称灯箱布），使用油性墨水，喷绘公司为保证画面的持久性，一般画面色彩比显示器上的颜色要深一些。它实际输出的图像分辨率只需要30～45dpi（设备分辨率），画面实际尺寸比较大的，有上百平方米的面积。

写真一般是在户内使用，它输出的画面一般就只有几个平方米大小，如在展览会上厂家使用的广告小画面。输出机型如HP5000，一般是1.5米的最大幅宽。写真机使用的介质一般是PP（Polypropylene，聚丙烯）纸、灯片，使用水性墨水。在输出图像完毕后还要进行覆膜、裱板才算成品，输出分辨率可以达到300～1 200dpi（机型不同会有不同的分辨率），它的色彩比较饱和、清晰。

作品展示

效果如图9-6所示。

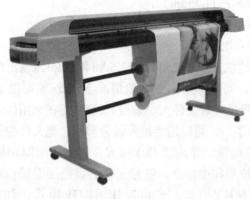

图 9-6

任务分析

写真机和喷绘机都是大型喷墨打印机。喷墨打印机按工作原理可分为固体喷墨和液体喷墨两种，当今主流的喷墨打印机为液体喷墨打印机。液体喷墨方式可分为气泡式与液体压电式。气泡技术是通过加热喷嘴，使墨水产生气泡喷到打印介质上。墨水在高温下易发生化学变化，性质不稳定，所以打出的色彩真实性就会受到一定程度的影响；另一方面由于墨水是通过气泡喷出的，墨水微粒的方向与体积不好掌握，打印线条边缘容易参差不齐，在一定程度上影响了打印质量。压电式喷墨技术，墨水是由一个和热感应式喷墨技术类似的喷嘴所喷出，但是墨滴的形成方式是借由缩小墨水喷出的区域来形成。而喷出区域的缩小，是借由施加电压到喷出区内一个或多个压电板来控制的。微压电打印头技术是利用晶体加压时放电的特性，在常温状态下稳定地将墨水喷出。它有着对墨滴控制能力强的特点，容易实现1 440dpi的高精度打印质量，且微压电喷墨时无须加热，墨水就不会因受热而发生化学变化，故大大降低了对墨水的要求。写真机和喷绘机都是用于广告印刷，但在一些地方存在不同。

任务实施

喷绘和写真中有关制作和输出图像的简单要求如下所示。

1）尺寸大小。喷绘图像尺寸大小和实际要求的画面大小是一样的，它和印刷不同，不需要留出"出血"的部分。喷绘公司一般会在输出画面时留"白边"（一般为10cm）。用户可以和喷绘输出公司商定好，留多少厘米的边用来打"扣眼"。价格是按每平方米计算的，所以画面尺寸一般以厘米为单位。写真输出图像也不需要"出血"，按照实际大小作图即可。

2）图像分辨率要求。喷绘的图像往往是很大的，要明白"不识庐山真面目，只缘身在此山中"的道理，如果大的画面还用印刷的分辨率，那就要累死计算机了。其实喷绘图像

125

的分辨率也没有固定的标准，下面是我个人在制作不同尺寸的喷绘图像时使用的分辨率，仅供参考（图像面积为平方米）。

180平方米以上（分辨率：11.25dpi），

30～180平方米（分辨率：22.5dpi），

1～30平方米（分辨率：45dpi）。

说明：因为现在的喷绘机多以11.25dpi、22.5dpi和45dpi为输出分辨率，故合理使用图像分辨率可以加快作图速度。写真分辨率在一般情况下72dpi就可以了，如果图像过大（如在Photoshop新建图像显示实际尺寸时文件大小超过400M；而在利用CorelDRAW转换位置保存时图像分辨率在300dpi就可以了），可以适当地降低分辨率，把文件控制在400MB以内即可。

3）图像模式要求。喷绘统一使用CMKY模式，禁止使用RGB模式。现在的喷绘机都是四色喷绘的，在作图时要按照印刷标准，喷绘公司会调整画面颜色和小样接近的。

写真则既可以使用CMKY模式，也可以使用RGB模式。注意在RGB中大红的值用CMKY定义，即M=100、Y=100。

4）图像黑色部分要求。喷绘和写真图像中都严禁有单一黑色值，必须添加C、M、Y色，组成混合黑。假如是大黑，可以做成：C=50、M=50、Y=50、K=100。特别是在Photoshop中用它带来的效果时，注意把黑色部分改为四色黑，否则画面上会出现黑色部分有横道，影响整体效果。

5）图像储存要求。喷绘和写真的图像最好储存为TIF格式，注意不可用压缩的格式。

任务实施

写真机最主要技术参数如下所示。

1）喷头。喷头分为热发泡式喷头和微压电式喷头两种，是写真机最主要的部件。

2）幅宽。市场上绝大部分写真机的有效幅宽会集中在130cm（50in）、152cm（60in）、160cm（64in）、180cm（74in）左右，以160cm的机器对市场最为敏感。目前，国内的耗材标准规格为0.914m、1.06m、1.27m、1.52m，其中1.27m以下的画面居多。幅宽分进纸宽度（又称材质宽度）和实喷宽度（工作宽度），前者往往要大1in（2.54cm）以上。

3）精度（分辨率）。很多人不明白"写真机"是指什么，有静电写真又有喷绘写真，这里的意思就是达到接近照片品质的精度，一般为720dpi，描述喷绘机精度的指标一般用每英寸的点数，即dpi（Dots Perinch），精度都是由喷头决定，相同的喷头具有同样的精度。早期的写真喷绘精度一般为300dpi或360dpi，目前市场的主流产品是600dpi（HP、ENCAD）或720dpi（MIMAKI、ROLAND、MOTOH），有些产品的最高分辨率可达1 440×1 440dpi（MIMAKI、ROLAND、MOTOH）或1 200×1 200dpi（COLORSPAN），随着喷绘技术的不断进步，比如EPSON最新的6pi墨滴——看不见墨点的喷墨技术等的出现，dpi数会进一步提高，但精度受计算机处理速度、存储容量、图片源、喷绘材料、墨水等方面的制约，要随着这些技术的同步发展才是有意义的。对于一般广告图文实际应用而言，600dpi到720dpi的精度已经足够，更高的精度也许只是产品卖点而已。

项目小结

本项目重点讲述了与印刷制版、拼版以及喷绘写真有关的知识，使学生迅速将所学CorelDRAW X5知识与实际应用相结合。掌握印刷设计流程及施工工艺，将自己的设计作品成功地运用于各个行业设计领域。

拓展作业

多收集一些关于印刷、输出打印设备的资料信息，找机会实践，多操作。

附 录

CorelDRAW从诞生到现在，已经出到第13个版本，是平面设计的常用软件，它效率高、容易上手，受到很多平面设计爱好者和工作者的青睐。但大家在使用CorelDRAW的时候总会碰到这样那样的问题，尤其是一些常见的问题深深地困扰着CorelDRAW使用者。以下总结了一些在使用该软件时出现的常见问题，希望对大家有所帮助。

1. 位图与矢量图的定义及区别

位图，又称光栅图，一般用于照片品质的图像处理，是由许多像小方块一样的像素组成的图形。它由像素的位置与颜色值表示，能表现出颜色阴影的变化。

简单地说，位图就是以无数的色彩点组成的图案，当你无限放大时会看到一块一块的像素色块，效果就会失真。位图常用于图片处理、影视婚纱效果图等，像常用的照片、扫描、数码照片等，常用的工具软件有Photoshop，Painter等。

Photoshop主要处理的是位图图像。处理位图图像时，它可以优化微小细节，进行显著改动，以及增强效果。位图图像，亦称为点阵图像或绘制图像，是由称作像素（图片元素）的单个点组成的。这些点可以进行不同的排列和染色以构成图样。放大位图时，用户可以看见构成整个图像的无数单个方块。扩大位图尺寸的效果是通过增多单个像素，从而使线条和形状显得参差不齐。然而，如果从稍远的位置观看它，位图图像的颜色和形状又是连续的。由于每一个像素都是单独染色的，用户可以通过以每次一个像素的频率操作选择区域而产生近似相片的逼真效果，如加深阴影和加重颜色。缩小位图尺寸也会使原图变形，因为此举是通过减少像素来使整个图像变小的。同样，由于位图图像是以排列的像素集合体形式创建的，所以不能单独操作（如移动）局部位图。

处理位图时要着重考虑分辨率。

处理位图时，输出图像的质量决定于处理过程开始时设置的分辨率高低。分辨率是一个笼统的术语，它指一个图像文件中包含的细节和信息的大小，以及输入、输出或显示设备能够产生的细节程度。操作位图时，分辨率既会影响最后输出的质量也会影响文件的大小。处理位图需要三思而后行，因为给图像选择的分辨率通常在整个过程中都伴随着文件。无论是在一个300 dpi的打印机还是在一个2 570dpi的照排设备上印刷位图文件，文件总是以创建图像时所设的分辨率大小印刷，除非打印机的分辨率低于图像的分辨率。如果希望最终输出看起来和屏幕上显示的一样，那么在开始工作前，就需要了解图像的分辨率和不同设备分辨率之间的关系。显然矢量图就不必考虑这么多。

矢量图，也称为面向对象的图像或绘图图像，繁体版本上称为向量图，在数学上定义为一系列由线连接的点。矢量文件中的图形元素称为对象。每个对象都是一个自成一体的实体，它具有颜色、形状、轮廓、大小和屏幕位置等属性。既然每个对象都是一个自成一体的实体，就可以在维持它原有清晰度和弯曲度的同时，多次移动和改变它的属性，而不会影响图例中的其他对象。这些特征使基于矢量的程序特别适用于图例和三维建模，因为它们通常要求能创建和操作单个对象。基于矢量的绘图同分辨率无关，这意味着它们可以按最高分辨率显示到输出设备上。

矢量图以几何图形居多，图形可以无限放大，不变色、不模糊，常用于图案、标志、VI（Visual Identity，视觉识别）、文字等设计。常用软件有CorelDRAW、Illustrator、Freehand、XARA等。

CorelDRAW中的矢量对象。

CorelDRAW中的对象可以是任何基本的绘图元素或者是一行文字，例如线条、椭圆、多边形、矩形、标注线或一行美术字等。创建完一个简单对象后，用户就可以定义出它的特征，如填充颜色、轮廓颜色、曲线平滑度等，并对其应用特殊效果。这些信息包括对象在屏幕中的位置、创建它的顺序以及定义的属性值，都将作为对象描述的一部分。这意味着当操作对象（如移动对象）时，CorelDRAW会重建其形状和全部属性。

对象可以有一条封闭路径或者一条开放路径。一个群组对象是由一个或多个对象构成的。用挑选工具选择一个对象时，可以通过它四周的选择框来识别它。选中一个对象时，选择框的边角和中点会出现8个填充方块。每个单独的对象都有自己的选择框。用"组群"命令把两个或更多的对象进行组合，将会产生一个组群，可以把它当做一个对象来选择和操作。对象由路径构成，这些路径构成了它的轮廓和边界。一个路径可由单个或几个线段构成。每个线段的端点有一个中空的方块，称为节点。用户可以用"形状工具"选择一个对象的节点，从而改变它的总体形状和弯曲角度。

2. 开放路径对象和封闭路径对象的区别

开放路径的两个端点是不相交的。

封闭路径对象是那种两个端点相连构成连续路径的对象。开放路径对象既可能是直线，也可能是曲线，例如用"手绘工具"创建的线条、用"贝塞尔曲线工具"创建的线条或用"螺纹工具"创建的螺纹线等。但是，在用"手绘工具"或"贝塞尔曲线工具"时，起点和终点连在一起也可以创建封闭路径。封闭路径对象包括圆、正方形、网格、自然笔线、多边形和星形等。封闭路径对象是可以填充的，而开放路径对象则不能填充。

3. CorelDRAW文件与其他图像处理软件的文件格式互换

CorelDRAW本身支持绝大多数图像格式的导入，如最常见的JPG、TIFF、GIF、PSD、AI、DWG、WMF、CMX、EPS、PLT等，CorelDRAW X5支持40多种图像文件格式。

CorelDRAW (CD)→Photoshop (PS)。

想要把CD文件输出到PS中应用，则需要看用户的实际需要。一般如果就看看图，选JPEG就可以了，如果要做印刷或其他输出作业的，建议输出为PSD、EPS、TIFF 3种格式。这几种格式各有各的好处，实践证明EPS和TIFF较佳。EPS是矢量标准格式，它在PS导入到PS软件中后才把EPS矢量转换为位图格式，能最大限度地保持CD中的风格与色彩关系。

CorelDRAW→Illustrator (AI)。

原则上AI可以直接打开CD文件，但对于应用文字样式的CD文档，有时候打开会有丢失现象，处理的方法是用CD输出成AI或EPS格式再导入AI。

CorelDRAW→其他软件。

请自己尝试输出EPS、AI、WMF，EMF，CMX，TIFF等常用格式。需要特别指出的是CD输出到刻字机中，请使用PLT格式。很多人说不能输出PLT格式，这是因为安装了CD9简化版的缘故，需要重新自定义安装，在输出格式中勾选PLT格式即可，CD的完整版和增强版是默认包括输出PLT及AI格式的。

Photoshop→CorelDRAW。

CD可以直接输入PS中的任何文件格式，包括PSD，TIFF，JPG，GIF，EPS等，想要转换PS中的路径为CD所用，就要用输出路径到AI格式，再从CD中置入。

要想把PSD文件转到CorelDRAW中，只需在CorelDRAW中直接输入PSD文件即可，同时还可以保留着PSD格式文件的图层结构，在CorelDRAW中解散后可以编辑。需要注意的是CorelDRAW输出位图时注意比例与实际像素，输出一次后，下一次按上一次的默认值进行输出的，需要点一下右边的锁或1:1选项，才能退回当前比例。

DWG文件导入CorelDRAW。

CD设计原则上是可以置入DWG文件的，但实际应用上总是不尽如人意，通常的解决方法是先把DWG文件转换成EPS或EMF文件。

4．CorelDRAW的"喷灌"提示"装入的喷涂列表没有有效对象"的原因

大多数是因为盗版原因，需要下载补丁解决，通常是出现在CorelDRAW 11和12两个版本上。

解决方法：先下载"CustomMediaSbrokes"补丁，下载完后解压。将解压出来的"CustomMedia Sbrokes"文件夹复制到安装目录替换原文件："安装盘:\Program Files\Corel\Corel Graphics 12（X5）\Draw\"

5．CorelDRAW打开文件时提示出错或者选用的过滤器无法打开

如果是用CorelDRAW打开CorelDRAW格式的文件时发生问题，请使用下列方法，确认是否可以打开文件。

①建立新文件。

②单击菜单："检视"→"框架"。

③使用CorelDRAW过滤器输入文件。

或者，使用（Media）文件夹转换文件格式为CMX格式（可在安装CorelDRAW时，要求自定义安装Media文件夹）。

如果用Corel PHOTO-PAINT打开此文件，CorelDRAW文件将会将此图位图化。

或者可以试试在Macintosh计算机上，尝试打开PC文件（或在PC上打开Macintosh文件）。

这些诀窍可解决打开那些含错误填色、样式或字体信息的CorelDRAW文件。这些信息毁损的方式有很多种，最常见的是系统的资源不足和尚未执行最佳化或维护。大部分毁损或无法开启文件的问题，唯一可解决的方式是将文件还原到前一次的备份，所以备份文件的重要性不可言喻。

6. 安装软件过程中出现错误

问题一：安装CorelDRAW时出现提示"Internal Error 25001. NO enough disk space to exbract Isscript engine files"，卸载时同样出现以上提示，无法进行操作。

问题二：安装CorelDRAW X5时出现：Error "Cannot create a DOM document" When Starting CorelDRAW X5错误讯息，不能创建DOM文件，没有注册类别，验证MSXML4已经安装。

问题一是硬盘空间不足造成的。

这里有必要提示一下：大型软件，尽量不要安装到系统盘。一般默认的系统盘就是C盘，C盘保留的空间越大，相对来说软件运行的速度就越快，因为软件运行过程中都会在C盘临时建立一个空间，并且在C盘调用虚拟内存。而且万一系统坏了重装系统时也不需要重新安装其他软件（有些写注册表的软件除外），像CDR跟PS，每次重装系统后，用户可以进入CDR或PS的安装目录文件夹，分别执行所有的注册表项目，发现可以直接运行程序，无须重装。

建议80G硬盘分区：C盘系统区，D盘软件区，E盘文件区，F盘游戏音乐影视区，G盘备份区。其他大硬盘自定义，但也注意分区不要过多，不然会造成管理困难，导致寻道时间变长。

问题二的解决方法如下所示。

To resolve this issue please make sure that the latest version of MSXML is installed correctly. （表示如果出现上面红字的提示，请确认你是否已经安装了MSXML。）

You can download this through the following link directly from Microsoft:

MSXML 4.0 Service Pack 2 (Microsoft XML Core Services).

（表示你可以点击链接下载MSXML 4.0。）

After downloading please do the following:（表示下载完后请按下面的步骤来安装。）

① Click on ? Start→Run.（表示打开此补丁文件，双击运行。）

② Enter: regsvr32 /u msxml4.dll (this command line registers MSXML4.DLL).

（表示输入英文红色部分命令。）

③ Now enter: regsvr32 msxml4.dll (DLL is re-registered)（表示再输入红色部分命令。）

④ You should now be able to run CorelDRAW（表示现在应该能运行CorelDRAW程序了。）

7. 在CorelDRAW中将已转化为曲线的文字再转回可编辑文字

原则上讲，已曲线化的文字是无法还原的，除非你正在操作当中，可以按<Ctrl+Z>组合键进行撤销操作。曲线化文字相当于打碎的瓶子，粘回去，看上去一样，但实际性质已经完全改变。不过还是有一些补救的方法。

补救的方法如下所示。

方法一：如果是小范围修改文字的话，用"造形工具"选中要替换文字的节点后删除，然后另外打上新文字，调整好大小及字体属性。

方法二：利用第三方软件，如尚书OCR之类的文字识别软件，把曲线化文字输出为TIFF等OCR识别对象的格式，进行识别后再复制到CorelDRAW中重新编排。

方法三：输出PDF，跨平台交换最理想的文件格式。文字，它还是文字，你需要把它转成曲线，即便没有字体，同样可以。

上面3种方法，不论哪一种方法都不是提倡的。要避免这一弊端，最好的方法是养成良好的操作习惯，在段落文字转成曲线前，一定要随手复制一份放在页面边上，就是为了防止修改文字时曲线化的补救；或者在转成曲线前另存一个文字化的文件。

这个问题再次提醒我们一定要养成良好的操作习惯。

8. 各版本CorelDRAW插入页码的方法

CorelDRAW本身不带直接插入页码功能，这不能不说是一大遗憾。要实现这一功能，以前基本上都是手动去完成，几张几十张还好搞定，几百张甚至上千张排书的时候就比较困难。

CorelDRAW 11以后的版本在"工具"→"VB执行"项里有直接的"页码插入插件"，不过功能比较单一，只允许设计文字的一些基本属性，对于想在页码上做点花样文章，还是要手动按<Ctrl+C>、<Ctrl+V>组合键。可以用条码自动插入跟手工相结合，相信CorelDRAW操作熟练了，几百页也不是什么难事。

具体任务实施：

排完版后，再执行这个visual basic宏即可。

①选择"工具"→"visual basic"→"执行宏"。

②下拉选单"Macros in"→"All Standard Projects"。

③单击"Macros Name"→"Corel macros"→"PageNumbering"，设置参数。

④接着按"执行"。

接下来的窗口就依需要而自行设定。

"#"表示该页页码。

"*"表示总页数。

如果输入：all *; this#，页码即显示：all8; this1（假设文件有8页，在第1页时的页码）。

注意：版面好像只能设定在A4，其他尺寸要自己设定位置。

d.Unit = CorelDRAWrInch

d.DrawingOriginX = −4.25

d.DrawingOriginY = −5.5

9. 在CorelDRAW中插入表格的方法

在CorelDRAW中绘制表格的方法很多，并没有绝对的画法，根据各人掌握的方法不同均可以采取不同的措施，只要最终结果达到我们想要的即可，当然还要注意效率。

下面介绍几种常用的方法：

①用方格纸工具画，然后解散群组，再更改自己想要的大小即可。这对于比较简单的表格比较适用。

②用"手绘工具"，按<Ctrl>键，想画什么就画什么，如果要画正规，就要配用"对齐工具"和"变形工具"，这方法比较老土，但优点是随意性比较强，缺点是把握性比较差。

③先打好表头文字，用空格空好距离，然后开始用方格纸工具画。先画一列，行数根据实际需要画就可以了，然后选中此表格，点右边中间的控制方块往右拉到第二列与第三列表头文字中间，按鼠标右键放掉，依次类推，很快就做好了。另外，表格中的文字输入最好先输入第一列，不要打散了，用"造形工具"调整好行距后，复制到第二、第三、……列，替换文字输入即可。

④ 从Word和Execl里复制表格到CorelDRAW里。

A．在CorelDRAW中新建一个文件，把新文件里文字的字间距设为0。

B．到Word和Execl里面选中表格，按<Ctrl+C>组合键。

C．在CorelDRAW里按<Ctrl+V>组合键，然后再选中复制过来的表格，按<Ctrl+X>组合键。

D．在CorelDRAW中单击"编辑"→"选择性粘贴"，在对话框中选择"图片（元文件）"，单击"确认"按钮。

注意，此方法只适用于复杂的表格，不想重画只有偷懒了，但是复制过来的表格全部是散的，一定要注意，不好修改，而且在Word和Execl中一次不能选中太多的表格，不然只会复制一部分，具体的问题用时候自己摸索。

⑤ 在CorelDRAW11、12、13中，只要在编辑菜单中选择插入新对象中的Excel，就可以插入一个表格。此时显示表格中菜单界面。双击表格外部空白切换到CorelDRAW菜单界面。因为Excel默认的是无边框，因此不会显示表格，此时只要把表格作为一个对象，调整一下表格的边框就可以显示了。

注意：在CorelDRAW中画表格最关键的不是要用方格或线条，而是用"方格工具"或自己画单个方块再复制衔接得到的表格可以把单独的文字单词对齐到方格中央。这个操作最关键的地方就是要打开"对齐物件"按钮，这样无论用什么方法画表格，都可以很快捷地进行增减调整等操作。尤其是12.0以后的版本更方便。比如先画一个方块，再按<Ctrl+D>组合键复制方块，在复制前要把复制"微调参数x和y"都设置成0——这一项在页面的属性里，也在空白叶面上面的属性工具条上。复制出的方块和原图形式重叠，这时，既可以用"变形调整工具"窗口，也可以直接拖动新方块，新方块就会自动贴齐（自动吸附）到原来方块的旁边位置。如果<Ctrl+D>快捷命令还没有被其他动作替代，就可以继续连续地按<Ctrl+D>组合键，做出一系列图形方块了。调整时，也用自动"对齐物件"，就可以随便拆分、增加、局部删除、拉伸等，输入数字时要一整列地输入，一旦需要改动时，只需要输入数字换行即可，然后调整字号和行间距即可。画表格时最好把文字和表格图形放在两个层，必要时可锁定一层单独调整。唯一美中不足的是这里的表格是"画"出来的，不是数据表格，不能直接参与运算。

10．CorelDRAW中合并多个文档

在CorelDRAW中打开一个文件，插入一空白页，然后导入另外一个文件在空白页左上角点一下，会自动根据新文件的页数插入到当前文件当中。

点击这个插入文件的第一页，并不会自动对齐。手动点击一下，或者在插入另一文档时，选择文件名后，直接按<Enter>键即可自动延后并对齐页面。

11．CorelDRAW给三角形导圆角

CorelDRAW中给正方形导圆角可以直接拖节点，三角形比较麻烦些。

方法一：画个三角形，再画个圆，圆的切点对准三角形两条线，用"节点工具"，或焊接成为一体，再进行调整。

方法二：画好三角形后按<F12>键改变轮廓线属性为圆头线，再根据圆角的大小要求来调整轮廓线的粗细，然后转换外框成物件，打散即可。

12．CorelDRAW11、12、13版本中许多英文字体是不可用的灰色

选择菜单"文字"→"书写工具"→"语言…"。

选择"英文—美国"，勾选"储存为预设书写工具语言"，再单击"确定"按钮。

这样英文字体即可显示并使用了。

13. CorelDRAW中原有的字体失踪

CorelDRAW时间用长了，经常会发现丢失字体的现象。检查Windows下面的Fonts目录，却发现所有的字体均完好无损，打开其他软件（如Word），原来的字体也都还在，重装字体也不能解决问题。

既然简单地重装不行，那就彻底一点改动注册表。因为所有的字体在最开始安装的时候都已在注册表中注过册的，所以需要彻底清除注册表中的字体部分。

先将Windows下的整个Fonts目录复制到根目录下，然后打开注册表（注意在打开之前备份），找到HKEY_LOCAL_MACH INE\Software\Microsoft\Windows\CurrentVersion键，删除整个Fonts子键，之后再重建一个新的Fonts子键，退出注册表，重启系统，打开"控制面板"，选择"字体"→"安装新字体"→根目录下刚才复制过来的Fonts目录→"所有字体安装"，再重启系统。

打开corelDRAW，选择字体，果然所有的字体又重新回来了，大功告成。

经多次实践发现，只要涉及字体出问题，或是安装新字体显示"字体已损坏……"等，都可以用此招解决。

14. CorelDRAW新版本的智能绘图功能

"智能绘图工具"有点像我们不借助尺规进行徒手绘草图，只不过笔变成了鼠标等输入设备。我们可以自由地草绘一些线条（最好有一点规律性，如大体像卵圆形，或者不精确的矩形、三角形等），这样在草绘时，"智能绘图工具"自动对涂鸦的线条进行识别、判断并组织成最接近的几何形状。

例如，按<S>键切换到"智能绘图工具"，大体绘制一个方块样的形状，很快就会被转换成一个准确完美的矩形，并和"矩形工具"绘制出的一样具有矩形的属性——可以切换到"选择工具"单击查看属性栏。

15. CorelDRAW文字转曲线时文字跑位

因为美工文字段落的第一行前面空的是全角的空格，所以文字转成曲线时会跑掉。

解决方法：把每段的第一行全角的空格改为半角的空格，转曲时就不会跑掉了。

16. CorelDRAW中的"贝赛尔工具"只能画S形曲线

为什么不能像PS、AI中一样画M形曲线呢？不是不可以，是操作方法可能不对。

单击开始点后拖弧线，在第二个节点上用鼠标双击（和PS里直接在节点上按<Alt>键+鼠标单击的功能完全一样），接着就可以画出任意方向的弧线了（可S形也可M形），这样在导入位图后用"贝塞尔曲线工具"也完全可以像PS里用路径抠图那样一次直接描绘出图像的轮廓了。

在节点上双击，可以将节点变成尖角。

按<C>键可以改变下一线段的切线方向。

按<S>键可以改变上下两线段的切线方向。

按<Alt>键且不松开鼠标左键可以移动节点。

按<Ctrl>键，切点方向可以根据预设空间的限制角度值任意放置。

要连续画不封闭且不连接的曲线按<Esc>键，还可以一边画一边对之前的节点进行任意移动。

附录B　图片文字校对使用的正确符号

本标准所规定的符号及用法，试用于出版印刷业中文（包括少数民族文字）各类校样的校对工作。

名　称	符 号 形 态	符号在文中用法示例	改 正 稿
错字	X	设计是一门充满奉献的职业	设计是一门充满奉献的职业
删除	ℓℓℓ	设计是一门充满奉献的职业	设计是一门充满奉献的职业
增补	V	设计是一门满奉献的职业	设计是一门充满奉献的职业
保留	△	设计是一门充满奉献的职业	设计是一门充满奉献的职业
对调	S	设计是一门奉献充满的职业	设计是一门充满奉献的职业
倒字	e	设计是一门充满献的职业	设计是一门充满奉献的职业
另行	←	设计是一门充满奉献的职业	设计 是一门充满奉献的职业
排齐	⊓	设计是一门充满奉献的职业	设计是一门充满奉献的职业
移位	K	设计是一门充满奉献的职业	设计是一门充满奉献的职业
空格	⬇	设计是一门充满奉献的职业	设计是 一门充满奉献的职业
缩位	⌢	设计　是一门充满奉献的职业	设计是一门充满奉献的职业

表示分色片色别用的符号：

编　号	符 号 形 态	作　用	说　明
1	┃	黄版	在分色底片上画一条竖线表示黄版
2	┃┃	品红版	在分色底片上画两条竖线表示品红版
3	┃┃┃	青版	在分色底片上画3条竖线表示青版
4	┃┃┃┃	黑版	在分色底片上画4条竖线表示黑版

表示图像复制用校对符号：

编　号	符号形态	作　用	说　明
5	＋	加深	表示按照要求的数值加深色调
6	./.	减浅	表示按照要求的数值减浅或提亮
7	⌒	柔和些	表示图像色调要柔和
8	∧	硬些	表示图像色调加大反差或对比度
9	∿	平衡色调	表示通过加深或减浅平衡色调
10	〰	修正轮廓边缘	表示修正轮廓模糊或边缘不齐之处
11	⊕	套准	表示纠正图像套色规矩不准
12	⌒	局部删除	表示删除局部图像（包括脏痕、斑点规矩线等）
13	──	局部移动	表示图像移至指定的位置
14	↑↓	局部旋转	表示图像位置旋转
15	K	翻转	表示正向转反向或反向转正向
16	∥	铺底色	表示加铺实地或铺网目底色
17	〜	局部虚化、渐变	表示图像虚化或渐变
18	├─┤	改变尺寸	表示将改变后的尺寸以mm为单位标明在箭头之前
19	Σ	总体说明	表示图像整体修改的要求
20	○○	图像换位	表示两个图像调换位置
21	○./.	局部减淡	表示图像某一局部减淡
22	○＋	局部加深	表示图像某一局部加深
23	↳	上、下换位	表示图像上下调换位置
24	⇄	左、右换位	表示图像左右调换位置
25	⊥	正图	符号横线表示水平位置，竖线表示垂直位置，箭头
26	△	保留	表示上方表示图像、文字需要保留

附录C　CorelDRAW X5快捷键大全

Visual Basic编辑器	Alt+F11	
一次缩放	F2	
上一个常用的字体大小	Ctrl+数字键盘4	
下一个常用的字体大小	Ctrl+数字键盘6	
下一页	Page Down	转到下一页
中心对齐	D	
交互式填充	G	添加填充到对象
亮度，对比度，强度	Ctrl+B	
位置（P）	Alt+F7	打开位置泊坞窗
保存（S）	Ctrl+S	保存活动绘图
全屏预览（F）	F9	显示绘图的全屏预览
再制（D）	Ctrl+D	再制选定对象并以指定的距离偏移
减小字体大小	Ctrl+数字键盘2	将字体减小为上一个字体大小
切换选择状态	Ctrl+Space	在当前工具和选择工具之间切换
删除（L）	Delete	删除选定对象
到图层前面（L）	Shift+PgUp	到图层前面
到图层后面（A）	Shift+PgDn	到图层后面
到页面前面（F）	Ctrl+Home	到页面前面
到页面后面（B）	Ctrl+End	到页面后面
刷新窗口（W）	Ctrl+W	重绘绘图窗口
前一页	PgUp	转到前一页
剪切（T）	Ctrl+X	剪切选定对象
剪切（T）	Shift+Delete	剪切选定对象
动态辅助线（Y）	Alt+Shift+D	显示或隐藏动态辅助线（切换）
取消群组（U）	Ctrl+U	取消选定对象或对象组的群组
另存为（A）…	Ctrl+Shift+S	用新名保存活动绘图
右分散排列	Shift+R	向右分散排列选定的对象
右对齐	R	右对齐选定的对象
向上平移	Alt+↑	
向上微调	Ctrl+↑	使用微调因子向上微调对象
向上微调（U）	↑	向上微调对象
向上超微调	Shift+↑	使用超微调因子向上微调对象
向下平移	Alt+↓	
向下微调	Ctrl+↓	使用微调因子向下微调对象
向下微调	↓	向下微调对象
向下超微调	Shift+↓	使用超微调因子向下微调对象

向前一位（O）	Ctrl+PgUp	向前一位
向右平移	Alt+→	
向右微调	→	向右微调对象
向右微调	Ctrl+→	使用微调因子向右微调对象
向右超微调	Shift+→	使用超微调因子向右微调对象
向后一位（N）	Ctrl+PgDn	向后一位
向左平移	Alt+←	
向左微调	←	向左微调对象
向左微调	Ctrl+←	使用微调因子向左微调对象
向左超微调	Shift+←	使用超微调因子向左微调对象
图形和文本样式（Y）	Ctrl+F5	打开"图形和文本样式"泊坞窗
在页面居中	P	使选定对象在页面居中对齐
垂直分散排列中	Shift+C	垂直分散排列选定对象的中心
垂直分散排列间距	Shift+A	在选定的对象间垂直分散排列间距
垂直居中对齐	C	垂直对齐选定对象的中部
垂直文本	Ctrl+.	
增加字体大小	Ctrl+数字键盘8	将字体增加为下一个字体大小
增强叠印（C）	Alt+Z	模拟显示叠印的增加视图
复制（C）	Ctrl+C	复制选定对象
复制（C）	Ctrl+Insert	复制选定对象多边形
多重复制（T）	Ctrl+Shift+D	显示多重复制泊坞窗
大小（1）	Alt+F10	打开大小泊坞窗
字符格式化（F）	Ctrl+T	字符格式化（E）
对象管理器（N）	Alt+D	打开"对象管理器"泊坞窗
对齐基准（L）	Alt+F12	将文本与基准对齐
对齐网格（P）	Ctrl+Y	将对象与网格对齐（切换）
导入（I）…	Ctrl+I	导入文本或对象
导出（E）…	Ctrl+E	导出文本或对象到另一种格式
导航器	N	打开导航器窗口
将轮廓转换为对象（E）	Ctrl+Shift+Q	将轮廓转换为对象
属性管理器（Y）	Alt+Enter	允许查看和编辑对象的属性
左分散排列	Shift+L	向左分散排列选定的对象
左对齐	L	左对齐选定的对象
平移	Alt+Space	一次平移
底端对齐	B	对齐选定对象的底端
底部分散排列	Shift+B	底部分散排列选定的对象
形状	F10	编辑对象的节点
手绘（F）	F5	手绘模式绘制线及曲线
打印（P）…	Ctrl+P	打印活动绘图

打开（O）…	Ctrl+O	打开一个已有绘图
拆分（B）	Ctrl+K	拆分选定对象
按选定对象显示（S）	Shift+F2	缩放到选定对象
插入字符（H）	Ctrl+F11	打开插入字符泊坞窗
撤销（U）	Ctrl+Z	回退上一次操作
撤销（U）	Alt+Backspace	回退上一次操作
文本（T）	F8	点击页面添加美术字文本
新建（N）	Ctrl+N	创建新绘图
旋转（R）	Alt+F8	打开旋转泊坞窗
显示，隐藏项目符号	Ctrl+M	设置，重置文本对象的项目符号
智能绘图（S）	Shift+S	双击打开智能绘制工具选项
椭圆（E）	F7	绘制椭圆及圆形：双击打开工具选项
橡皮擦	X	在圆形或方形突边之间切换橡皮擦
比例（S）	Alt+F9	打开比例泊坞窗
水平分散排列中心	Shift+E	水平分散排列选定对象的中心
水平分散排列间口	Shift+P	在选定的对象间水平分散排列间距
水平居中对齐	E	水平对齐选定对象的中部
水平文本	Ctrl+.	
渐变	F11	应用渐变填充到对象
生成属性栏	Ctrl+Enter	生成"属性栏"
画笔	F12	打开"轮廓画笔"对话框
直线	Alt+F2	包含指定直线尺度线尺寸属性窗口
矩形（R）	F6	绘制矩形：双击创建面页边框
符号管理器（O）	Ctrl+F3	符号管理舶坞窗
简单线框（S）	Alt+X	只显示绘图的基本线框
粘贴（P）	Ctrl+V	
结合（C）	Ctrl+L	结合选定对象
编辑文本（D）…	Ctrl+Shift+T	打开编辑文本对话框
缩小（M）	F3	缩小
缩放	Z	缩放工具
缩放到适合窗口（F）	F4	缩放到全部对象
缩放到页面大小（P）	Shift+F4	缩放到页面大小
网格填充	M	转换对象为网格填充对象
群组（G）	Ctrl+G	群组选定的对象
色度，饱和度，光度（S）	Ctrl+Shift+U	
艺术笔	I	绘制曲线工具，其中该项工具组中还包括预设、笔刷、喷涂
螺旋形（S）	A	绘制螺旋形
视图切换	Shift+F9	在最近使用的两种视图质量间进行切换

视图管理器（W）	Ctrl+F2	打开"视图管理器"泊坞窗
转换	Ctrl+F8	转换美术字为段落文本或反过来转换
转换为曲线（V）	Ctrl+Q	将选定对象转换为曲线
轮廓图（C）	Ctrl+F9	打开轮廓图泊坞窗
这是什么？（W）	Shift+F1	调用"这是什么？"帮助
退出（X）	Alt+F4	退出CorelDRAW并提示保存活动绘制
选择全部对象	Ctrl+A	
选项（O）	Ctrl+J	打开设置CorelDRAW选项的对话框
透镜（L）	Alt+F3	打开透镜泊坞窗
重做（E）	Ctrl+Shift+Z	回退上一次"撤销"操作
重复（R）	Ctrl+R	重复上一次操作
页面分类视图（A）	Alt+P	切换到页面分类视图
顶端对齐	T	对齐选定对象的顶端
顶部分散排列	Shift+T	顶部分散排列选定的对象
颜色	Shift+F11	使用标准填充到对象
颜色	Shift+F12	打开"轮廓颜色"对话框
颜色（C）	F	打开颜色泊坞窗
颜色平衡（L）…	Ctrl+Shift+B	颜色平衡
颜色样式（S）	Alt+C	打开"颜色样式"泊坞窗